Die Trocknung der Nahrungsmittel und Abfälle

Eine zeitgemäße Studie
über
Trockenapparate und Trockenprodukte

Von

Ingenieur **Otto Marr**

Mit 19 Abbildungen im Text

München und Berlin 1917
Druck und Verlag von R. Oldenbourg

Einleitung.

Nachdem im Juli 1914 die zweite Auflage des Werkes »Das Trocknen und die Trockner« eben erschienen war, brach am 1. August der große Weltkrieg aus und wandelte mit einem Schlage durch die von unsern Feinden in die Wege geleitete Absperrung der Zufuhr aller Rohstoffe und Nahrungsmittel unsere ganzen Lebens- und Wirtschaftsverhältnisse um, indem nunmehr äußerste Sparsamkeit in der Verwendung alles Vorhandenen und weitgehendste Wirtschaftlichkeit bei Erhaltung und Ausnutzung der verbleibenden Bestände zur obersten Pflicht wurde.

Dazu bot die Trocknung aller nicht sofort gebrauchten Erzeugnisse der unmittelbar bevorstehenden Ernte eine gute Handhabe, und es entstanden fast über Nacht Hunderte von Trockeneinrichtungen, zum großen Teil für Produkte, deren Trocknung niemand bisher eine besondere Bedeutung beigelegt hatte, wobei bloß an Gemüse, Getreide, Küchen- und manche andere Abfälle gedacht zu werden braucht, worüber denn auch wenig oder gar keine Veröffentlichungen vorlagen. Diesem Mangel sollen die nachstehenden Erörterungen abhelfen.

Einen Begriff von dem Anwachsen der Trockenindustrie überhaupt geben folgende Zahlen:

Am 1. Juni 1914 bestanden an Trocknereien für Kartoffeln im Deutschen Reich 488, nämlich 388 für Flocken und 99 für Schnitzel, welche Zahlen sich bis zum 1. Juli 1915 im ganzen um 234, also auf 721 Anlagen erhöhten, von welchen 601 auf Flocken und nur 120 auf Schnitzel kamen.

Damit hat der große Aufschwung in der Kartoffeltrocknung allerdings aufgehört, denn im nächsten Berichtsjahr vermehrten sich die Anlagen nur noch um ca. 80 auf rund 800, worauf ein weiterer Zuwachs fast ganz aufhörte, zum Teil infolge der voraufgegangenen Überschreitungen des derzeitigen Bedarfs, zum andern Teil infolge der überaus ungünstigen Witterungsverhältnisse des Jahres 1916, welche für die Kartoffelernte von geradezu katastrophaler Bedeutung wurden.

Für andere Stoffe hielt der Bedarf an Trocknereien dagegen an; so gibt eine Erzeugerin von Kastendarren an, daß ihr allein bis August 1916 ungefähr 500 Anlagen bestellt worden sind, von denen die weitaus größte Zahl auf die Zeit seit Kriegsbeginn entfällt und zum Trocknen von Gemüse bestimmt ist. Inzwischen, Mitte Juni 1917, ist die Zahl auf ca. 1000 gestiegen.

Eine andere Firma beziffert die ihr seit Kriegsbeginn erteilten Aufträge auf Trebertrockner zu 90 Stück, und wieder eine andere stellte in demselben Zeitraum 25 Trockenanlagen für Sprengstoff- und Schießpulverfabriken her.

Derartige Angaben lassen sich wohl noch erweitern, doch genügen sie immerhin zur Kennzeichnung der Inanspruchnahme der Trockenindustrie durch den Krieg, und es taucht unwillkürlich die Frage auf: »Was hat sie infolgedessen für Fortschritte aufzuweisen?

Um hierüber Klarheit zu schaffen, sollen die wichtigsten Neuerungen einer Betrachtung daraufhin unterzogen werden, inwieweit sie sich zur Durchführung eines möglichst vollkommenen Trockenvorgangs eignen.

Zu dem Zweck mag zunächst festgelegt sein, was unter einem »vollkommenen« Trockenvorgang zu verstehen ist und wie er geleitet werden muß, wobei auch das darüber Gesagte in des Verfassers Werk »Das Trocknen und die Trockner«[1])

---

[1]) 2. Aufl., 1914, R. Oldenbourg, München.

der Beachtung empfohlen sei[1]). Manches des hier noch zu
Ergänzenden stützt sich darauf, weshalb der Vollständigkeit
wegen die wichtigen Zahlentafeln IX und X über Wärmewert, Feuchtigkeitsgehalt und Raumeinnahme der Trockenluft bei verschiedenen Temperaturen und Sättigung im Anhang unter A und B nochmals wiedergegeben sind.

Bei den Berechnungen des Wärmebedarfs im Anhang
wurden überall u n b e h e i z t e Trockenräume zugrunde gelegt; gelangen die Trockner jedoch in beheizten Räumen zur
Aufstellung, so ermäßigen sich die Beträge pro 100 kg Wasserverdunstung bei Außentemperaturen von -10^0 um 6000 WE
und von $+5^0$ um 3000 WE, in der für 200 kg stdl. Wasserverdunstung geltenden Zusammenstellung, Anlage K, also um
je 6000 WE.

---

[1]) Alle ferneren Hinweise darauf sind durch T. u. T. II gekennzeichnet.

Nachschrift.

Während der Drucklegung brachten einige Zeitungen die
Nachricht, daß die auf Seite 25 beschriebene Zerstäubung
durch einen rotierenden Teller, welche der G. A. Krause,
Aktiengesellschaft München, anscheinend für einen besonderen
Zweck geschützt ist, vom Deutschen Reich erworben wurde
für die Trocknung von Milch, doch soll sich erst eine Ver-
suchsanlage, und zwar in Berlin, in Betrieb befinden.

Das Gesamtverfahren ist jedenfalls nicht patentfähig.

Inhaltsverzeichnis.

Der Trockenvorgang.

Die Aufgabe, einen Körper künstlich zu trocknen, kann nur dann als befriedigend gelöst betrachtet werden, wenn es mit Hilfe eines naturgemäßen Trockenverfahrens gelingt, dem Körper sein überflüssiges Wasser mit dem geringstmöglichen Aufwand an Wärme und Kraft zu entziehen, ohne die Beschaffenheit der verbleibenden Trockensubstanz in irgend welcher andern Weise zu beeinflussen, als es durch die unvermeidliche Zusammenschrumpfung geschieht.

Dieser Satz enthält bei genauer Betrachtung mehrere Forderungen, deren Erfüllung schon einiges Nachdenken erheischt und dadurch wesentlich abweicht von der kürzlich von einem bekannten Doctor Ingenieur h. c. aufgestellten Behauptung, auf die wir sonst nicht weiter eingehen wollen:

»Wohl kaum ein technischer Vorgang läßt sich in seinem allgemeinen Verlauf so leicht schildern, wie derjenige der künstlichen Trocknung, wenn man von den Einrichtungen der verschiedenen Apparate absieht und eben nur den Vorgang der Trocknung selbst verfolgt.«

Uns soll hier nur eine Gattung der in Klasse 82a des Patentregisters aufgeführten Trockenverfahren beschäftigen, nämlich diejenige, bei welcher die Wirkung durch die Anwendung von Wärme und Wind hervorgebracht wird, denn andere, bei denen eine alleinige Behandlung in Pressen, Schleudern u. dgl. vorgesehen ist, führen überhaupt nicht ans Ziel, und solche, bei welchen scheinbar auf die Mitwirkung der Luftströmung verzichtet wurde, brauchen hier nur kurz berührt zu werden.

Als bekannt ist dabei vorauszusetzen, daß atmosphärische Luft je nach ihrer Temperatur mehr oder weniger Feuchtigkeit in Dampf- bezw. Dunstform aufnehmen kann, und zwar ist an jeden Temperaturgrad ein bestimmtes Dampfgewicht geknüpft, das wohl unter-, niemals aber überschritten werden kann. Beispielsweise vermag 1 kg Luft von 60° C rund 153 g Dampf, 1 kg von 30° dagegen nur ca. 27 g Dampf aufzunehmen und ist in beiden Fällen voll gesättigt. Das Kilogramm kann aber auch nur die Hälfte oder einen andern Teilbetrag dieser Gewichtsmengen enthalten und ist dann entsprechend weniger gesättigt.

Ferner hat trockene Luft von 60° einen Wärmeinhalt oder Wärmewert von 14,25 WE und von 30° einen solchen von 7,12 WE per kg. Diese Wärmewerte erhöhen sich jedoch bedeutend, sobald Dampf der Luft beigemengt wird, nämlich bei 60° und halber Sättigung auf 56,63 WE, bei voller Sättigung auf 109,2 WE; bei 30° und voller Sättigung auf 23,6 WE, immer bezogen auf ein kg der im Gemisch enthaltenen Luft.

Wärme und Temperatur ändern sich also durchweg unabhängig voneinander, und steigen beide nur bei trockener Luft in gleichem Verhältnis; sobald jedoch Feuchtigkeit hinzutritt, wächst der Wärmewert wesentlich schneller, als die Temperatur, ebenso aber auch der zugehörige Wassergehalt oder Wasserwert.

Eine genau berechnete Zahlentafel hierüber für verschiedene Temperaturen und Sättigungsgrade ist unter Nr. IX, eine desgl. über die Raumeinnahme der Luftgemische bei den gleichen Zuständen unter Nr. X auf den Anlagen A und B des Anhangs beigefügt, und geht mit besonderer Deutlichkeit daraus hervor, wieviel vorteilhafter es ist, die Trockenluft mit hoher Temperatur zu entlassen als mit niedriger, da sie dann imstande ist, weit größere Wassermengen mit fortzuführen[1]).

Da nämlich die Einwirkung von Wärme und Wind auf die nasse Ware in einem Trockenraum geschieht, wobei der Wind seine Wärme unter Herabminderung seiner Temperatur verwertet zur Verdunstung von Feuchtigkeit der Ware, so

---

[1]) Über die Ermittelung der Zahlenwerte von Tab. IX u. X vgl. T. u. T. II.

bestimmt sich die Leistung und der Aufwand eines Trockenvorgangs durch die zur Verdunstnng von 1 kg Wasser von
ihm benötigte Wärmemenge, welche sich ergibt als Produkt
aus Gewicht und zugeführtem Wärmewert der abziehenden
Luft, da sie alle aufgewendete Wärme enthält.

Den Trocknern selbst wird vielfach, besonders für größere
Liefermengen und ununterbrochenen Betrieb, eine längliche
Gestalt als Tunnel oder Kanal gegeben, in dessen eines Ende
die entsprechend hoch geheizte Luft ein-, und aus dessen
anderm Ende sie wieder abgeführt wird, während man das
zu trocknende Gut in entgegengesetzter Richtung hindurch-
leitet nach dem sogenannten Gegenstromprinzip, welches
für Trockenzwecke freilich nur einen sehr negativen Wert
hat, wie noch gezeigt werden soll.

Legen wir vorläufig vollkommen trockne Außenluft von
0^0 zugrunde und erwärmen dieselbe auf 60^0, mit welcher Temperatur, entsprechend einem Wärmewert von 14,25 WE pro kg
sie in den Trockner ziehe, um ihn, zu 75% mit Feuchtigkeit
gesättigt, wieder zu verlassen, so ist ihre Temperatur dabei
nach Zahlentafel IX auf etwa 24^0 gefallen, wogegen sie ungefähr 13,6 g Wasser pro kg aufgenommen hat. Zur Entziehung von 1 kg Wasser aus der Ware sind demnach auf-
zuwenden: $\frac{1000}{13,6} = 73{,}5$ kg Luft und $73{,}5 \cdot 14{,}25 = \infty\ 1050$ WE.

Die Luft hat also nicht nur die erforderliche Wärme
heranzubringen, sondern sie muß außerdem auch die ver-
dunstete Feuchtigkeit fortschaffen können.

Nehmen wir dagegen einmal an, der Vorgang werde so
geleitet, daß die Luft den Trockner mit 60^0 und 75% Sättigung verlasse, dann enthält sie nach Zahlentafel IX im Kilogramm: 81,45 WE und 107,9 g Wasser; zur Verdunstung
von 1 kg Wasser werden mithin benötigt: etwa 9,3 kg Luft
und ∞ 760 WE.

Zu diesem besseren Ergebnis führen zwei Wege; entweder
man bläst die Luft mit einem Wärmewert von 81,45 WE
pro kg, also vorgewärmt auf ca. 340^0, ein oder man führt ihr
im Trockner selbst fortwährend neue Wärme zu, was am
zweckmäßigsten erreicht wird dadurch, daß man anstatt der

1*

jetzt vor dem Trockenraum (im Sinne der Luftströmung)
angeordneten Heizkammer deren eine oder mehrere neben
dem Tunnel anordnet und den Wind nicht mehr der Länge
nach durch ihn hindurchdrückt, sondern ihn der Quere nach
umwälzt, wobei er in steter Abwechslung Trockenraum und
Heizkammern durchstreift, sich dabei mehr und mehr er-
wärmend und sättigend, um an einem geeigneten Punkt entlassen und an einem andern durch das gleiche Gewicht an
Frischluft ersetzt zu werden.

Doch die wahre Wirtschaftlichkeit eines Verfahrens
hängt oft genug nicht von den mit ihm verbundenen Trocknungskosten, sondern von der Brauchbarkeit der mit seiner
Hilfe hergestellten Produkte ab, besonders wenn deren Trockensubstanz unverändert erhalten bleiben soll. Die meisten Stoffe
unterliegen aber schon einer Veränderung, wenn sie über
eine gewisse, ihnen eigene Temperatur erwärmt werden, was
stets leichter ist, wenn sie völlig trocken sind, als wenn sie
Feuchtigkeit enthalten.

Betrachten wir daraufhin einmal unsern Gegenstromtrockner, so wirkt am Austrittsende des behandelten Materials
heiße trockene Luft von 60° auf bereits hocherwärmte und
vielfach schon übertrockene Ware ein, während am entgegengesetzten Ende hochgesättigte Luft von 24°, die kaum noch
überflüssige Wärme abzugeben vermag, dem nassen kalten
Material möglichst noch Feuchtigkeit entziehen soll. Es
leuchtet sofort ein, daß die Zusammenführung der heißen,
trockenen Luft eine Fehlerquelle ist, deren Vermeidung unbedingt angestrebt werden muß.

Ganz anders liegt die Sache bei einem Trockner, in den
heiße trockene Luft von ca. 340° an demselben Ende, wie
das nasse kalte Material eingeführt wird, damit beide im Gleichstrom den Apparat durchwandern, um ihn schließlich, die
Luft mit 60° und 75% gesättigt, das Trockengut mit höchstens
40° und den meistens belassenen ca. 10% Sättigung zu verlassen. Hierbei kann von gar keiner Übertrocknung die Rede
sein, noch weniger aber von einer zu hohen Temperatur des
Trockenguts, denn diese steigt in diesem Fall anfangs etwas
stärker, später ganz allmählich von 5—10° auf höchstens

40⁰ und überschreitet an keiner Stelle die Temperatur, mit
der es austritt[1]).

Noch günstiger lassen sich die Verhältnisse gestalten bei
den mit Zuführung von Wärme im Trockner selbst arbeitenden
Verfahren, wie wir noch sehen werden.

Immerhin dürften die vorstehenden Erörterungen zeigen,
daß es zur Erzielung einwandfreier Trockenprodukte nicht
genügt, nur mäßige Lufttemperaturen anzuwenden, denn
selbst diese können bei Zusammentreffen von trockener Luft
und trockenem Gemüse noch ausdörrend wirken, wogegen
selbst hocherhitzte Luft auf nasses Material keinen die Temperatur desselben wesentlich erhöhenden Einfluß ausübt.

Nur auf diese Temperatur kommt es aber an, nicht auf
die der Trockenluft und empfiehlt sich daher, bei Verwendung hocherhitzter trockner Luft oder Gase, diese so
zu leiten, daß sie nie mit trockenem Material zusammentreffen,
was sich am sichersten vermeiden läßt, wenn die Wärme
erst im Trockner selbst zugeführt wird, und bilden die Einrichtungen dafür mit denjenigen, bei welchen die Erwärmung
der Luft vor dem Eintritt erfolgt, die beiden Hauptklassen
der uns hier beschäftigenden Trockner, auf die wir nunmehr,
soweit als nötig, noch näher eingehen wollen.

Klasse I. Für vorgewärmte Luft.

Sie zerfällt in Gruppe a) Trockenkammern, feste Darren u. dgl.,
„ b) Gegenstromtrockner,
„ c) Gleichstromtrockner.

Hiervon sind Kammern, Darren und Gegenstromtrockner
in ihrer Wirkung fast gleich, indem bei den beiden erstge-
nannten, in Perioden arbeitenden, stets gegen Ende derselben ein Zeitpunkt eintritt, zu welchem die bereits trockene
Ware von heißer trockener Luft bespült werden kann. Nun
kann das Trockengut, so lange es feucht genug bleibt, zwar
keine höhere Temperatur annehmen, als diejenige, bei welcher
die Aufnahmefähigkeit der Trockenluft für aus dem Trocken-

---

[1]) Vgl. T. u. T. II Aufl. S. 175.

gut entwickelten Wasserdunst aufhört, bis sie also vollständig gesättigt ist. Denn bis zu diesem Zeitpunkt hat sie keine oder nur wenig Wärme an die eigentliche Trockensubstanz abzugeben vermocht, da alles, was davon aufs Trockengut überging, sofort wieder zur Verdunstung der Feuchtigkeit herangezogen wurde, um dann mit dem Dampf zur Luft zurückzukehren, so daß dem entstandenen Luft-Dampf-Gemisch fast derselbe Wärmewert erhalten bleibt, wie der der ursprünglich trockenen Luft.

Aus diesem Wärmewert ergibt sich ohne weiteres die Temperatur des an seiner Entstehungsstelle völlig gesättigten Gemisches und damit gleichzeitig die der sie umgebenden Trockensubstanz.

Für trockene Luft von 60° oder 14,25 WE und nasse Ware lag diese Sättigungsgrenze bei 24°; die Temperatur des Trockenguts steigt erst, wenn seine Feuchtigkeit knapp wird und schließlich ganz verschwindet, dann aber in immer stärkerem Grade bis auf die Temperatur der trockenen Luft, wenn es nicht vorher dem Einfluß derselben entzogen wird. Der hierfür geeignete Zeitpunkt läßt sich bei offenen Darren natürlich leichter erkennen und seiner Überschreitung besser vorbeugen, als bei den ununterbrochen arbeitenden geschlossenen Gegenstromtrocknern.

Ein Wert ist dem Gegenstrom im Trockenfach nicht zuzusprechen, sondern liegt derselbe auf einem ganz andern Gebiet, indem er sich, worauf F. J. Weiß in seinem Werk über Kondensation zuerst hinwies, in hervorragender Weise eignet für den Austausch der Temperaturen zwischen zwei durch ihre verschiedenen Temperaturen aufeinander wirkenden Flüssigkeiten oder Gasen.

Für alle reinen Trockenzwecke hat aber ein solcher Austausch zwischen den Temperaturen der Trockenluft und des Trockenguts die erwähnte unerwünschte schädliche Nebenwirkung, welche zu verdörrtem Gemüse, „verprepelten" Pappen, verworfenem oder gerissenem Holz u. dgl. m. führt. Trotzdem findet das vielgepriesene Gegenstromprinzip, dem ohne weiteres die meisten Mißerfolge in der Praxis zuzuschreiben sind, immer neue Anwendung; diese soll ihm auch gar nicht verwehrt werden, wenn sie sich auf Fälle beschränkt, wo sie zugelassen werden kann, und das werden bei genauer Prüfung nicht allzu viel sein.

Unter gewissen Umständen kommt für die Entziehung des Wassers aus einem feuchten Stoff durch vorgewärmte Luft jedoch weniger deren Temperatur, als die in ihr enthaltene Wärme in Frage, was am auffallendsten bei den im Gleichstrom arbeitenden Trocknern der Gruppe c zutage tritt. Nur selten begnügt man sich bei ihnen mit Eintrittstemperaturen von 340°, wie in unserm Beispiel angenommen, weit eher finden sich bei den direkt befeuerten Feuertrommeln Temperaturen von 800° und darüber.

Diese 800° entsprechen aber einem Wärmewert von rund 190 WE pro kg der Gase, den dieselben auch noch am Austrittsende, abzüglich eines geringen Betrags für Erwärmung des Trockenguts, aufweisen müssen, da ihnen in der Trommel ja sonst weder Wärme entzogen noch zugeführt wird. Die Abgabe an das Trockengut ist in der Praxis oft so gering, daß sie vernachlässigt werden kann, was deshalb auch hier der Einfachheit wegen geschehen möge. Entlassen wir dann die Gase mit einer Temperatur von ca. 80°, was durch mehr oder weniger starke Beschickung ganz in unserer Hand liegt, so sind sie laut Zahlentafel IX zu etwa 65% gesättigt und ihr großer Temperaturabfall ist lediglich bewirkt durch die Überführung des tropfbar flüssigen in den dampfförmigen Zustand des der Ware entzogenen Wassers, wodurch sie selbst ebenfalls kühl erhalten bleibt, so daß sie die Trommel mit kaum mehr, als 40—50° verläßt.

Bei richtiger Wahl aller Abmessungen läßt sich also schon auf Erzielung befriedigender Ergebnisse durch das Verfahren nach Klasse I Gruppe c rechnen.

Klasse II. Wärmezufuhr im Trockner selbst.

Ließ sich dem Verlauf des Trockenvorgangs bei den zur Klasse I Gruppe a) und b) zu zählenden Verfahren im allgemeinen kein Lob spenden, so darf dies bei verschiedenen der Klasse II um so eher geschehen.

Die Erfüllung der für Erzeugung tadelloser Ware mit dem geringsten Aufwand an Kraft und Wärme gestellten Bedingungen:

1. hohe Temperatur und Sättigung der abziehenden Trockenluft, und

2. absolute Verhinderung des Zusammentreffens trokkener heißer Luft mit bereits trockener Ware,

bringt es nämlich mit sich, daß die Ware während ihres ganzen Aufenthalts im Trockner stets von feuchter Luft umgeben ist, daß der ganze Trockenprozeß also in feuchter Luft verläuft und die Ware selbst verhältnismäßig kühl erhalten bleibt.

Dadurch kann die Wasserentziehung so sanft geleitet werden, daß sie auch auf das empfindlichste Material keinen schädigenden Einfluß ausübt, so daß ihm Farbe, Geschmack und Aussehen vollkommen erhalten bleibt, sofern es nicht durch die Zusammenschrumpfung beeinträchtigt wird. Ja, es darf wohl angenommen werden, daß selbst der Geruch nur wenig leidet.

Als Wege zur Durchführung der Trocknung in Klasse II stehen zur Verfügung:

a) ständige Umwälzung der Trockenluft zwischen Heizkammer und Trockenraum bei Auswechslung eines nur geringen Teils der hochgesättigten umgewälzten, gegen frische Luft.

b) Schaffung von Temperaturstufen dadurch, daß die Frischluft abwechselnd durch eine Heizkammer und einen Trockenraum geleitet wird, so daß sie jeden der aufeinanderfolgenden mit höherer Temperatur und Sättigung durchströmt. Sämtliche Trockenräume können zu einem Tunnel aneinandergereiht und das Trockengut in beliebiger Richtung durch denselben geleitet werden.

c) Dieselbe Anordnung mit der Abänderung, daß ein Mehrfaches der Trockenluft auf jeder Stufe in stetem Umlauf zwischen Heizkammer und Trockenraum erhalten wird und nur ein gewisser Teil der in jeder Zone kreisenden Luft in die folgende hinüberzieht,

um sich aus der vorhergehenden zu ersetzen, so daß
die Trockenluft den ganzen Apparat gewissermaßen
in Spiralbahnen durchläuft.

Die Anordnung c) ist anzusehen als eine Verbindung
der beiden Ausführungen nach a) und b) und hat den Zweck,
die Schwierigkeiten, welche der zweiten in der Praxis ent-
gegenstehen, zu umgehen. Infolge der mehrfachen stufen-
weisen Erwärmung der eingeführten Frischluft vermindert
sich der Bedarf daran nämlich oft so erheblich, daß sich nicht
mehr alles dargebotene Trockengut gleichmäßig bestreichen
läßt, wogegen andererseits die jedesmalige Abkühlung, bzw.
die Höhe der Erwärmungsstufen unbequem groß ausfällt.

Wird dagegen das n-fache dieser Menge umgewälzt, so
erleichtert dies nicht nur die gleichmäßige Bestreichung,
sondern auch die Unterschiede zwischen Zu- und Abströmungs-
temperatur werden in jeder Zone auf $1/n$ tel der sonstigen
Höhe ermäßigt und können auf diese Weise für die äußere
Wahrnehmung fast ganz zum Verschwinden kommen.

Reine Stufentrocknung nach dem unter b) gekennzeichneten Verfahren eignet sich verhältnismäßig selten zur Ausführung in der Praxis, wogegen Umwälzungen nach a) vielfach anzutreffen sind und Zonentrocknung nach c) die beste
Gewähr für Erzielung tadelloser Trockenprodukte gibt, insbesondere wenn die Zuführung der Frischluft sowohl von der
Stelle, wo auch die Ware den Trockenprozeß antritt, als von
derjenigen, wo sie ihn beendet, erfolgt und ihr Abzug in die
Mitte der Strecke verlegt wird.

Die Ware durchwandert dann eine Reihe von Zonen,
deren Temperaturen anfänglich steigen bis zu einer obersten
Grenze, um von dort ab wieder zu fallen, so daß die Ware
kühl wieder zutage tritt, nachdem sie während ihres ganzen
Aufenthalts im Trockner durch feuchte Luft von mäßiger
Temperatur bestrichen wurde.

Da hierbei auch jeder Aufwand für Erwärmung des Trok-
kenguts und der Wagen oder Gestelle, auf denen es ruht,
fortfällt, indem alles vor dem Austritt wieder Kühlzonen
durchläuft, so muß die Zonentrocknung nach c), mit Abzug
der Trockenluft auf der Mitte des ganzen Vorgangs, als

vollkommenstes Verfahren zur Erzielung tadelloser Produkte bezeichnet werden, zumal auch die Herstellungskosten geeigneter Trockner kaum viel von denjenigen anderer Trockner für ununterbrochenen Betrieb abweichen.

Beschreibungen und vergleichende Berechnungen über den Verbrauch an Kraft und Wärme sollen in einem der folgenden Kapitel gegeben werden.

Außer den vorstehend behandelten Trockenvorgängen sind noch von Bedeutung diejenigen, welche sich vollziehen auf geheizten Platten oder unter vermindertem Luftdruck.

Bei den ersteren findet die Trocknung durch unmittelbare Berührung des Naßguts mit heißen Flächen in Röhren-, Mulden-, Walzen- und andern Formen statt, doch wäre es ein Irrtum, anzunehmen, daß die Entziehung des Wassers ohne Mitwirkung der Luft vor sich geht, denn sie muß ebenso wie bisher die entwickelten Dämpfe aufnehmen und forttragen können; je besser sie dazu imstande ist, je schneller also die entwickelten Dämpfe abgeschoben werden, um Raum für neue zu schaffen, desto höhere Leistungen lassen sich pro qm Heizfläche unter sonst gleichen Umständen erreichen. Bei dem Entwurf aller Kontaktflächentrockner ist daher auf diese Leistung gebührende Rücksicht zu nehmen und der Wärmebedarf dafür mit in Rechnung zu stellen. Als besondere Abart dieser Trockner müssen die Vakuum-Trommeltrockner gelten, bei welchen der auf die Trommel gestrichenen Substanz ihr Wassergehalt unter vermindertem Luftdruck entzogen wird, doch hat es sich auch hierfür verschiedentlich als zweckmäßig erwiesen, etwas Extraluft in den Trockenraum gelangen und durch die Luftpumpe mit abziehen zu lassen, um beschleunigte Bewegung in die an der Walzenoberfläche ruhenden sehr dünnen Dampfmassen zu bringen.

Eine Verbesserung der Güte des fertigen Trockenprodukts wird durch Anwendung dampfbeheizter Berührungsflächen übrigens nicht herbeigeführt, einerlei, ob sie in Räumen unter atmosphärischem oder vermindertem Luftdruck wirken, denn in beiden Fällen tritt kurz vor Beendigung des Trockenprozesses für jede Substanz der Zeitpunkt ein, wo sie fast oder größtenteils trocken ist, und wo ihr jede längere Be-

rührung mit den hochtemperierten Heizflächen verderblich
werden kann, da sie nach Verdunstung ihres letzten Wassergehalts, bzw. schon kurz vorher, die gleiche Temperatur wie
die Heizfläche annimmt. Bei luftdicht geschlossenen Apparaten läßt sich die rechtzeitige Erkennung dieses Zeitpunkts
nicht immer leicht ermöglichen, was vielleicht mehr noch für
solche Vakuumtrockner zutrifft, bei welchen die Wärme nicht
durch Berührung mit heißen Flächen, sondern in der Hauptsache durch Strahlung auf die zu trocknende Ware übertragen
wird. Falls dieselbe besonders empfindlich, wird daher gelegentlich die Beheizung durch warmes Wasser, anstatt durch
Dampf bewirkt, worunter natürlich die Schnelligkeit des
Trocknens leidet, welche gewöhnlich als ein Vorzug des ver-
minderten Luftdrucks im Trockner dahingestellt wird, obgleich sie damit wenig oder nichts zu tun hat, indem der Dampfdruck, unter dem die Verdunstung der Feuchtigkeit erfolgt,
nur von der Temperatur abhängt, bei welcher sie vor sich
geht, und auf diese Temperatur ist bekanntlich der Luftdruck ohne jeden Einfluß. Er müßte daher eigentlich die
Verdunstung unter atmosphärischer Gesamtspannung bei einer
Temperatur von 35° ebenso schnell vor sich gehen, als unter
42 mm absoluter Kondensatorspannung, welche ebenfalls 35°
entspricht; in erster Linie hängt die Schnelligkeit des Trocknens überdies von der verfügbaren Wärme und Größe der
Heizfläche ab.

Damit sind die wichtigsten Grundzüge für den „leichter
als jeden andern technischen" zu schildernden Trockenvorgang
gegeben, woraus am Ende einleuchtet, daß es sich zu seinem
vollen Verständnis und einer dementsprechend angeordneten
Durchführung nicht um eine Kunst oder eine durch die Praxis
erworbene Fertigkeit handelt, sondern um eine Wissenschaft,
für deren Studium allerdings kein Lehrstuhl im Deutschen
Reich besteht.

Trommeltrockner.

Zunehmender Anerkennung erfreut sich die Trocknung wasserreicher Massenprodukte durch die unmittelbare Einwirkung der Feuergase ·in Trommeltrocknern, zu deren Beheizung sich neben Koks auch Braunkohlen, roh und in Brikettform, sowie magere Steinkohlen verwenden lassen, wenn nur für eine gute Ausbildung der Feuerstelle gesorgt ist.

Die Abmessungen sind im allgemeinen nach den auf Seite 264—268 gegebenen Regeln[1]) zu berechnen, welchen folgende Angaben hinzugefügt sein mögen.

Das für 100 kg Wasserverdunstung vom Gebläse abzuführende Volumen findet sich dort angegeben, wenn das feuchte Gemisch mit einer Temperatur von 120° C fortzieht, bei Verfeuerung von:

	mittel-deutschen Braun-kohlen	Briketts u. böhm. Braun-kohlen	Hütten-Koks
zu	800	520	470 cbm
bei einem Verbrauch an Brennstoff	58	21,5	13,3 kg
und an WE desselben ·ca.	130000	96800	88000 WE

Dabei war jedoch angenommen, daß die Gase mit ihren Verbrennungstemperaturen auf das Trockengut treffen, und zwar mit . . . .

zwar mit	800°	1050°	1200°

Will man die ganz hohen Temperaturen vermeiden und immer bei 800° stehen bleiben, so sind pro kg Brennstoff dem Gewicht der Gase noch an Frischluft zuzuführen, und zwar erst hinter der Feuerbrücke in der sogenannten Gaskammer:

Dadurch vermehrt sich		4,4	9,8 kg
das abzuführende Volumen an Gemisch auf	800	650	600 cbm
bei einem Verbrauch an (wie bisher)			
Brennstoffen von ca. . .	58	22,7	14,2 kg
und an Wärme desselben = ca.	130000	102000	95000 WE

---

[1]) T. u. T. II. Aufl.

Das „Mehr" an Wärme, bzw. Brennstoff und an Ge-
bläseleistung, bzw. an Kraft ist also nicht gerade unerheb-
lich, doch muß es schon aufgewendet werden, um Eisen und
Mauerwerk des Trockners möglichst zu schonen; immerhin
sollte danach gestrebt werden, die Mischung der Gase schnell
und innig gleich nach deren Eintritt in die Gaskammer zu
bewirken.

Das Gewicht an arbeitendem trockenen Gasluftgemisch
beträgt alsdann: . . . . . . 490 400 410 kg
und sein Volumen beim Ein-
tritt in die Trommel daher ca. 1470 1200 1250 cbm
bzw. bei der mittl. in ihr herr-
schenden Temp. von 440⁰ ca. . 980 800 820 cbm

Die Geschwindigkeit der Gase stellt sich hiernach beim
Eintritt rund dreimal so hoch wie beim Austritt, und wird
man somit gut tun, sie beim Austritt nicht über $1\frac{1}{2}$—2 m
zu wählen.

Für eine Trommel zu 800 kg stündlicher Wasserver-
dunstung wäre somit ein freier Querschnitt von $\dfrac{8 \cdot 650}{2 \cdot 3600}$
= 0,72 qm bei 2 m, und 0,96 qm bei nur $1\frac{1}{2}$ m Geschwindigkeit und Beheizung durch Braunkohlenbriketts nötig. Hinzu
zu rechnen ist, was durch das Trockengut selbst ausgefüllt
wird, und zu $\frac{1}{6}$—$\frac{1}{8}$ des Gesamtquerschnitts veranschlagt
werden dürfte.

Wählen wir für die beabsichtigte Leistung einen freien
Querschnitt von 0,8 qm und als Inanspruchnahme durch das
Trockengut 0,15 qm, so erhält die Trommel einen Total-
querschnitt = 0,95 qm und faßt bei 7 m Länge 1,05 cbm
Naßgut.

Nun wiegen:
Kartoffelstifte: ca. 670 kg pro cbm, aus denen zu verdunsten sind ca. 470 kg.
Gemüse: ca. 325 kg pro cbm, aus denen zu verdunsten
sind ca. 260 kg.
Getreide mit 6% Wasser: 750 kg pro cbm, aus denen
zu verdunsten sind ca. 45 kg.

Das entspricht für eine stündliche Wasserentziehung von 800 kg
bei Kartoffelstiften: einer Verarbeitung von 1,7 cbm = 1140 kg Naßgut,
bei Gemüse: einer Verarbeitung von 3,1 cbm = 1000 kg Naßgut.

und stellen sich die Durchsetzzeiten auf $\frac{1,05}{1,7} = 0,6$ Std. oder

36 Min. bzw. auf $\frac{1,05}{3,1} = 0,34$ Std. oder 20 Min.

Für Getreide sind Eintrittstemperaturen von 800° nicht zulässig; wählen wir sie entsprechend den Ausführungen, T. u. T. II, Seite 267 zu ca. 160°, damit das Korn unter keinen Umständen auf mehr als 40° erwärmt werden kann, so sind für 100 kg Wasserverdunstung ca. 2450 kg = rund 2400 cbm Luft und Gase abzuziehen, wogegen unser Gebläse leistet 8 · 650 = 5200 cbm, so daß sich nur $\frac{52}{24} \cdot 100 =$ ca. 220 kg Wasser stündlich damit verdunsten lassen.

Dies würde einer stündlichen Verarbeitung von $\frac{220}{45} =$ nahezu 5 cbm oder 3600 kg feuchtem Getreide entsprechen, falls die dafür zur Verfügung stehende Durchsetzzeit von $\frac{1,05}{5} = 0,21$ Std. = 13 Min. genügt, was sich zwar aus Mangel an einwandfreien Angaben nicht beurteilen läßt, doch zeigt ein Vergleich mit den Leistungsfähigkeiten einer und derselben Trommel bei Beschickung mit Kartoffeln und mit Getreide in den Angaben von Prospekten, daß das Verhältnis zwischen beiden nahezu mit dem oben gefundenen übereinstimmt; es müssen sich daher auch die Verhältnisse zwischen den Durchsetzzeiten nahezu gleichen, so daß das Ausreichen der errechneten kurzen Dauer derselben bei nur wenig feuchtem Getreide keineswegs aus dem Bereich der Möglichkeit liegt. Übrigens hängt die Durchsetzzeit bei gleichem Füllungsgrad der Trommel von deren Länge ab; bringen wir diese auf 8 m, so wächst der Fassungsraum für Naßgut auf 8 · 0,15 = 1,2 cbm und die Durchsetzzeit steigt

bei Kartoffeln auf ca. 42 Min. bei 1940 kg stündlicher
  Verarbeitung,
bei Gemüse auf ca. 23 Min. bei 1000 kg stündlicher Verarbeitung,
bei Getreide mit 6% Wasserentziehung auf ca. 14 Min.
bei 3600 kg stündlicher Verarbeitung.

Während für die Erzielungen dieser Leistung bei den
beiden ersten Produkten etwa 182 kg Briketts aufzuwenden
sind, erfordert die Trocknung des Getreides bei weit größerem
Luftzusatz etwa 56 kg pro Stunde.

Soll dieselbe Trommel somit für alle drei Produkte benutzt werden, so ist für Getreide jedesmal der Rost entsprechend
zu verkleinern und die Frischluftzufuhr zu vergrößern; wollte
man dasselbe einfach durch verringerte Rostbeschickung erzielen, so geschähe es auf Kosten eines wesentlich erhöhten
Verbrauchs an Brennstoff.

Für eine um 25% vermehrte, also auf 1000 kg stündliche
Wasserverdunstung bei Verarbeitung von Kartoffeln, Gemüse u. dgl. gebrachte Leistung, muß der Querschnitt der
Trommel und damit auch ihre Aufnahmefähigkeit bei Naßgut um 25% vermehrt werden. Ihre Länge dagegen muß dieselbe bleiben wie bisher, um wieder dieselbe Dauer der Durchsetzzeit zu erhalten, da diese stets gleich dem Quotienten aus
Aufnahmefähigkeit durch stündliche Verarbeitung in cbm ist.
Es hat also keinen Zweck, den Trommeln für geringere Leistungen in demselben Produkt kleinere Durchmesser und
geringere Durchmesser zu geben, als für größere, sondern
sollte nur der Durchmesser geändert werden.

Um die von ihr erbauten Trommeln den verschiedenen
Anforderungen möglichst anpassen zu können, bringt die
Firma Eisenwerk Albert Gerlach, Nordhausen, neuerdings
am Austrittsende derselben einen jalousieartigen Verschluß
an, dessen Spalten beliebig groß oder klein gestellt werden
können, um den Austritt der Trockengase und des getrockneten Produkts zu erleichtern oder zu erschweren. Die Notwendigkeit einer derartigen Einrichtung bei sonst richtig entworfenen Trommeln ist jedoch nicht ganz einleuchtend.

Kartoffeln.

Auf das eigenartige Schicksal der Kartoffeltrocknungs-
industrie während des Krieges wurde schon in der Einleitung
hingewiesen.

Hatten im ersten Jahr die Anspornungen und Unter-
stützungen der Behörden zu einer reichlichen und vielleicht
zu reichlichen Erbauung neuer Anlagen geführt, so mußte
im Herbst 1916 die Trocknerei wesentlich eingeschränkt
bzw. ganz untersagt werden, um infolge des traurigen Ernte-
ausfalls so viel als möglich für die Verwertung in ungetrock-
netem Zustand für neue Aussaat und für menschliche Ernährung zu behalten.

Infolgedessen mußte allmählich von der Benutzung des
Kartoffelmehls zur Streckung der Getreidevorräte wieder abgesehen werden, obgleich sie sich im großen ganzen außerordentlich bewährt hatte.

Ein Übelstand war allerdings hervorgetreten, indem Brot,
zu dessen Bereitung Mehl aus zu scharf getrockneten Kartoffeln
Verwendung gefunden hatte, leicht riß und auseinander-
klaffte, so daß es sich zu Scheiben kaum zerschneiden ließ.

Wenn dieser Mangel sich auch nur auf Walzenflocken-
mehl bezog und dem aus in Trommeln getrockneten Schnitzeln
nicht nachgesagt werden konnte, so wurde von diesem, anfangs wenigstens, befürchtet, daß es schädlichen Einflüssen
durch in den Rauchgasen enthaltene schwefelige Säure unter-
läge (welche Befürchtung sich allerdings bald als grundlos
erwies), und es entstand vielfach der Wunsch nach solchen
Apparaten, welche nur mit heißer Luft arbeiteten.

Dieselben sind jedoch für die Verdunstung so bedeu-
tender Wassermengen, wie sie bei der meistens im großen
betriebenen Kartoffeltrocknung zu bewältigen sind, weniger
geeignet und kommen sie daher meist nur dort zur Verwendung, wo neben Viehfutter oder Gemüse, auch gelegentlich
Kartoffeln getrocknet werden sollen, wie auf Gütern oder
in Präservenfabriken.

Solcher Mitbenutzung unterliegt wohl am meisten die später noch zu besprechende Kastendarre[1]), doch sind für höhere Anforderungen und ununterbrochenen Betrieb weitaus mehr zu empfehlen Bandtrockner und Wanderdarren[2]) für Verarbeitung bis zu 9000 kg und Zonentrockner[3]) für Verarbeitung bis zu etwa 20 000 kg nasser Kartoffelschnitzel in 24 Stunden, doch haben sich diese Bauarten bisher noch keinen Eingang zu verschaffen vermocht.

Kartoffeln im ganzen zu trocknen, ist bisher noch nicht gelungen, bietet aber kaum Schwierigkeiten, wenn es nur auf eine gleichmäßige Größe von etwa 3 cm Durchmesser beschränkt und in einem solchen Zonentrockner durchgeführt wird, bei welchem der Abzug der heißen gesättigten Luft nicht in der Mitte, sondern am einen Ende des Tunnels, der Zutritt der Frischluft am entgegengesetzten erfolgt, so daß die Temperatur der Zonen von der ersten bis zur letzten abnimmt.

Kocht man solche Kartoffeln wenigsten so lange, bis ihre Schale leicht abgepellt werden kann, und führt man sie dann noch warm in das heiße Ende des Trockners ein, so werden sie beim Austritt am kalten Ende ebensogut durchgetrocknet sein können, wie dies nach dem früher durch Pat. Nr. 224 708 geschützten Verfahren bei den weit größeren Ziegeln möglich ist[4]). Für die Wiedererweichung der Kartoffeln ist nicht mehr Wasser von 20—30⁰ zu verwenden als nötig, um sie damit fertig zu kochen, doch muß selbstverständlich eine nochmalige Durchkochung unterbleiben.

---

[1]) Vgl. Fig. 8 u. 9.
[2]) Vgl. Fig. 5 u. 6.
[3]) Vgl. Fig. 14 bis 16.
[4]) Vgl. T. u. T. II. S. 253.

Kohlrüben — Steckrüben.

Die Kohl- oder Steckrübe läßt sich im großen nur in geschnitzeltem Zustande gut trocknen, und da sie auch sonst mit der Kartoffel viel Ähnlichkeit besitzt, so können auch dieselben Apparate, wie für geschnitzelte Kartoffeln, zu ihrer Trocknung Verwendung finden. Es sind das für große Leistungen Trommeltrockner, für kleinere Darren aller Art, doch muß bei der Behandlung auf letzteren für mehrfaches Umschaufeln, sowie für Nichtüberschreitung einer Höchsttemperatur des Windes von 60° Sorge getragen werden. An Wasser sind auszutreiben etwa 80%, gegenüber rund 70% bei Kartoffeln; Zerreibung, Dämpfung und Trocknung auf Walzen empfiehlt sich nicht, zumal dazu auch noch eine besondere Reibe vorzusehen wäre.

Getreide.

Von Einrichtungen zum Trocknen von Getreide ist die nachstehende der Broschüre: „Die Sicherung der Getreideernte" von Dr. J. F. Hoffmann, entnommen[1]).

Trockner von J. A. Topf & Söhne, Erfurt (Fig. 1 u. 2).

Derselbe besteht aus Schächten von rechteckigem Querschnitt mit eingebauten rinnenartigen Darrflächen, über welche in geringem Abstand weite Röhren von quadratischem Querschnitt liegen, deren Wände ebenfalls darrenartig ausgebildet sind. Auf und zwischen diesen verschiedenen Schrägflächen durchläuft das Getreide den Trockner, während es in der Richtung der Pfeile von auf 70—80° erwärmter Luft durchquert wird.

Bei 2 Versuchen mit einem aus 2 der dargestellten Einrichtungen, also aus 4 Elementen hergestellten Trockner wurden 755 kg Weizen ca. 55 kg Wasser und 1114 kg Weizen

---

[1]) Heft 28 der Landwirtschaftl. Hefte 1915. Paul Parey, Berlin.

ca. 63 kg Wasser in 1½—2 Stunden entzogen. Das bringt
trotz der angewendeten hohen Temperatur stündlich im
Durchschnitt nur rund 36 kg!

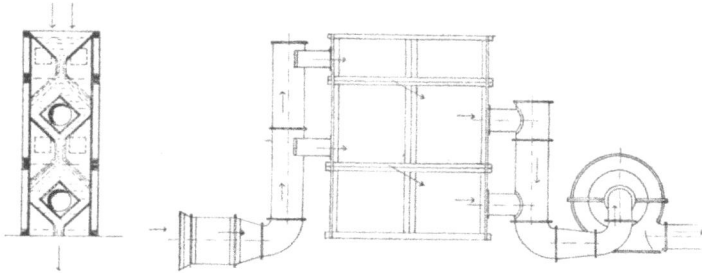

Fig. 1 u. 2.

Als etwas abweichend in den Einzelheiten, doch auf
ähnlichen Prinzipien beruhend, dürfte der Trockner für ununterbrochenen Betrieb anzusprechen sein von der Firma
Hermann Kropff-Erfurt, welche sich sonst hauptsächlich mit
dem Bau von Darren beschäftigt. In der angegebenen Quelle
ist ferner hingewiesen auf den zur Braumalzerzeugung weit
verbreiteten:

Trockner der Berliner A. G., vorm. J. C. Freund,
Charlottenburg.

Derselbe stellt sich dar als eine horizontal liegende, überall
geschlossene Trommel mit doppelter Wandung, wovon die
innere aus gelochtem Blech besteht. Die Trommel wird ihrer
ganzen Länge nach durchzogen von einem weiten, ebenfalls
aus gelochtem Blech hergestellten Rohr, und dreht sie sich
um ihre Achse auf zwei sie unterstützenden Rollenpaaren,
laut Querschnitt (Fig. 3).

Denkt man sich in der einen Stirnwand einige weite Öffnungen auf der den äußeren Mantel abschließenden Ringfläche
und in der gegenüberliegenden Stirnwand eine mittlere Öff-
nung gleich dem Rohrdurchmesser, an welche ein Sauggebläse
geschlossen ist, so vermag dieses die in den Mantel tretende
Frischluft durch das, im Ringraum der Trommel herum-
kollernde Getreide nach dem Mittelrohr abzusaugen und von

                                                    2*

dort ins Freie zu schaffen. Durch Aufstellung der Trommel
in einem abgeschlossenen Raum, in den frische Luft nur durch
einen Winderwärmer hindurch gelangen kann, ist dafür gesorgt, daß sowohl die Trommel selbst in hocherwärmtem
Raum arbeitet, als auch dafür, daß der durch das zu trocknende Getreide streichende Wind eine hohe Temperatur hat,
solange der Winderwärmer geheizt wird. Damit kann gegen
Schluß der Trocknung aufgehört werden, so daß alsdann
eine Kühlung des Guts durch kalten Wind einsetzt. Die Fül-

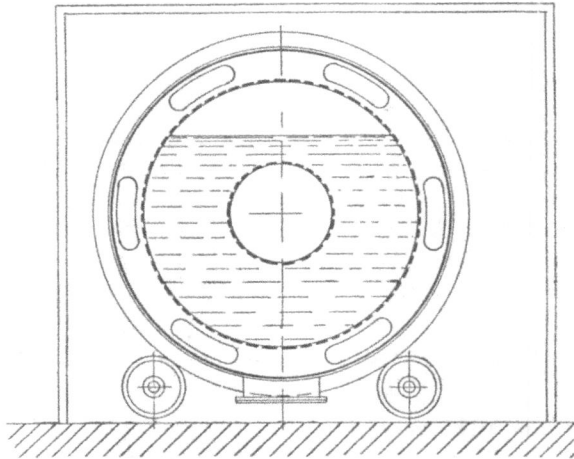

Fig. 3.

lung und Entleerung ist nur bei Stillstand möglich durch ver-
schließbare, den Mantelraum durchdringende Stutzen. Ein
Arbeitsturnus nimmt laut Angabe der Erbauerin ca. 8 Stunden
in Anspruch, und sind schon Trommeln bis zu einem Fassungs-
vermögen von 17000 kg Gerste gebaut.

Beim Betrachten des Querschnitts fällt auf, daß der
trocknende Wind immer nur die gerade oben befindlichen
Schichten durchströmen wird, da es ihm hier am leichtesten
gemacht ist, und daß deshalb vielleicht von der leicht erreichbaren Umwälzung der Trockenluft hat abgesehen werden müssen.

In seinem größeren Werk „Die Getreidespeicher"[1]) gibt
Dr. J. F. Hoffmann den Verbrauch eines Jägerschen Jalou-
sietrockners[2]) zum Verdampfen von 1 kg Wasser an zu theoretisch 1260 WE, durch Versuch nach dem Brennstoffaufwand
ermittelt zu 3790 WE, welcher große Unterschied keinesfalls
auf gute Ausnützung der aufgewendeten Wärme schließen läßt.

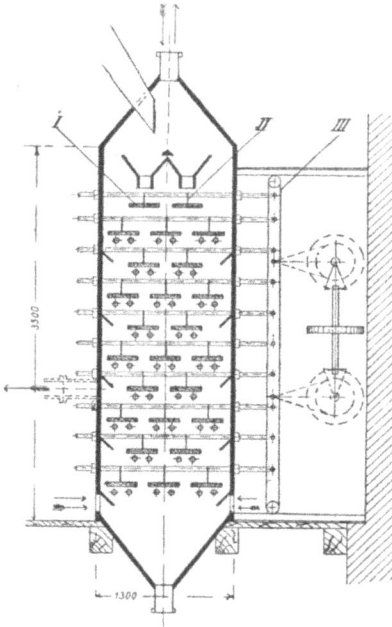

Fig. 4.

In demselben Werk beschreibt der Verfasser auch einen
eigenen bemerkenswerten Vorschlag (Fig. 4). Der Trockner
soll danach eine schachtartige Gestalt von rechteckigem Querschnitt erhalten und wird von oben nach unten vom Getreide
durchrieselt, indem es allmählich von einer auf die andere

---

[1]) Die Getreidespeicher von Prof. Dr. J. F. Hoffmann, 1916,
Berlin.
[2]) Vgl. II. Aufl. Das Trocknen und die Trockner, S. 377.

der versetzt übereinander befestigten Platten I aus Ton oder ähnlichem Material herabfällt. Auf jeder dieser Platten werden vertikale Schaber II durch ein Gestänge III gemeinsam hin und her bewegt, so daß sie das Gut, welches bei ihrem Hingang auf die Platte fiel, während des Rückgangs wieder herunterstreichen, wobei es jedesmal einen Luftstrom durchfällt, welcher von unten nach oben durch Heizrohre, die unter jeder Platte liegen, mehr und mehr erwärmt wird.

So vielversprechend der Erfolg eines auf diese Weise geleiteten Trockenvorgangs auch ist, so wird er voraussichtlich durch eine kleine Abänderung doch noch weiter verbessert werden können.

Läßt man den Luftstrom nämlich nicht unten durch die seitlichen Öffnungen ein- und oben in der Mitte abziehen, wie es die ungefiederten Pfeile andeuten, sondern sieht man dicht unter der halben Höhe einen ringförmigen Abzug vor und führt sowohl von unten, als auch von oben die Frischluft zu, gemäß den gefiederten Pfeilen, so wird die höchste Temperaturzone etwa auf halbe Höhe verlegt; an Trockenluft wird die geringste Menge verbraucht und aufs weiteste ausgenutzt; das Trockengut kommt mit der heißen Luft nur in Berührung, solange es noch Feuchtigkeit enthält, wodurch es verhältnismäßig kühl erhalten bleibt, und es wird schließlich auf seinem weiteren Weg nach unten noch mehr heruntergekühlt.

Für größere Leistungen ist die in Fig. 5 u. 6 dargestellte Wanderdarre gedacht, durch welche das Trockengut in horizontaler Richtung auf zwei oder drei endlosen Bändern wandert, während darüberliegende Gebläse die von beiden Enden eintretende und bis zur Mitte, wo sie abzieht, an Temperatur und Feuchtigkeit zunehmende Trockenluft auf den bekannten Spiralbahnen treiben.

Mit einer solchen Darre von ca. 15 m Länge bei 1,6 m Breite lassen sich ohne Schwierigkeit stündlich bis 200 kg Wasser dem feuchten Getreide entziehen, was einer stündlichen Verarbeitung von rund 3000—3300 kg oder 4—4½ cbm entspricht, mit einem Wärmeverbrauch von nur ca. 160 000 WE, sofern Abkühlungs- und Undichtigkeitsverluste tunlichst verhindert sind.

Ebenso niedrig kann sich der Wärmeverbrauch pro kg
Wasserverdunstung bei dem von Hoffmann vorgeschlagenen
Rieselschachttrockner gestalten, über dessen stündliche Leistung
jedoch eine genauere Nachrechnung erst Aufschluß zu geben
vermag; die der Wanderdarre wird allerdings nur bei sehr
großen Abmessungen des Schachtes zu erreichen sein.

Unter allen Umständen empfiehlt sich, bei Neubeschaffung
größerer Getreidetrocknereien beide vorstehenden Bauarten
ernsthaft in Erwägung zu ziehen, da ihr geringer Verbrauch
an Wärme und Kraft von keiner der bisher bekannt gewordenen,

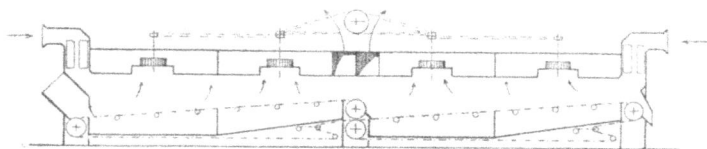

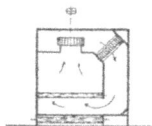

Fig. 5 u. 6.

insbesondere von keiner amerikanischen, auch nur annähernd
erreicht wird.

Die Wanderdarre kann natürlich, wie schon erwähnt,
auch für Kartoffelstifte, Kohlrübenschnitzel und Gemüse verwendet werden, doch verschwinden ihre Vorzüge bei Verarbeitung aller dieser Produkte fast ganz gegenüber denen
anderer, hierfür geeigneterer Trockner infolge der völlig voneinander abweichenden Verhältnisse zwischen Naßgewicht und
Trockengewicht beim Getreide und bei den andern aufgeführten Produkten.

Auf derselben Darre, welche stündlich zur Trocknung
von 3300 kg Getreide mit 6% Wasserentziehung ausreicht,
lassen sich im gleichen Zeitraum ungefähr 300 kg Kartoffeln
und gar nur etwa 260 kg Gemüse verarbeiten, woran sich
nichts bessert durch einige, scheinbar mögliche Vereinfachungen

der Bauweise, wie z. B. durch das allenfalls angängige Fort-
lassen des mittleren Walzenpaares, was dann freilich jedes
Wenden des Trockenguts und jede Wiederaufhöhung der Beschickung nach ihrer Zusammensinterung untunlich machte,
die sich sonst durch langsameren Lauf des zweiten Bandes
leicht herbeiführen läßt.

Milch, Eier, Extrakte.

Große Bedeutung ist sowohl der Überführung von Milch
in Milchpulver, wie von Eiern in Eierpulver durch Trocknung
beizumessen, doch ist beides seit Kriegsbeginn ins Stocken ge-
kommen, so daß selbst aus Neutralien nichts davon mehr zu
uns gelangt.

Vor allem sind es die Verfahren von Paul Bévenot und
Eduard de Neven, außer einigen ähnlichen, welche Erfolg
versprechen, so daß nach in der Literatur enthaltenen Angaben[1])
den nach ihnen hergestellten Milchpulvern in den Vereinigten
Staaten Nordamerikas der Vorzug gegeben wird.

Zugrunde liegt ihnen derselbe Gedanke, wie dem Stauff-
schen Bluttrockner, Fig. 156, S. 388, T. u. T. II, nämlich:
feinste Zerstäubung der Flüssigkeit in einem hocherhitzten
Luftstrom und Zurückhaltung der dabei aus ihr abgeschiedenen
Trockensubstanz[2]).

Ausgeübt wird das Verfahren in einem größeren Raum,
oft von erheblicher Länge, der immer glatte, leicht sauber
zu haltende Innenflächen aufweisen sollte, in welchen an einer
Seite reine, nötigenfalls sterilisierte Luft von 125—130° und
wärmer einströmt, um ihn am andern Ende, auf 40—50°
abgekühlt und stark mit Feuchtigkeit gesättigt, wieder zu
verlassen. Am heißen Ende wird auch die Milch, bzw. die
sonst etwa zu trocknende Flüssigkeit eingeführt und zu feinstem
Nebel zerstäubt, zu welchem Zweck sie, manchmal vorher

---

[1]) Vgl. Gesundh.-Ingenieur 1915, S. 274 und 1916, S. 272.
[2]) Vgl. die Patentschriften: Nr. 200228 Kl. 53e, Nr. 236378
Kl. 53e, Nr. 264992 u. a.

etwas eingedickt, mittels Druck von vielen Atmosphären durch geeignete Düsen (Spiraldüsen, Pralldüsen u. dgl.) gepreßt, oder mit der ebenfalls unter hohem Druck stehenden erhitzten Luft in der bekannten Weise unter einem Winkel zusammengebracht wird, doch finden sich auch andere Anordnungen. Nach der beachtenswertesten von ihnen soll die in einem hochstehenden Gefäß befindliche Milch durch ihr eigenes Gewicht in dünnem Strahl abfließen auf den Mittelpunkt einer mit außerordentlicher Geschwindigkeit um ihre Achse rotierenden horizontalen Scheibe, auf welcher sie durch die Zentrifugalkraft in staubfeinen Nebel zerrissen wird, dessen Wassergehalt schnell verdunstet, um von der sich entsprechend abkühlenden Luft aufgenommen und abgeführt zu werden.

In derselben Weise kann man auch Eiweiß oder Eigelb, sowie manche Extrakte in Pulverform überführen, und wird sich wahrscheinlich gerade für diese Stoffe die zuletzt beschriebene Art der Zerstäubung besonders empfehlen, wie sie ja überhaupt für den vorliegenden Zweck von keiner der sonst bekannten übertroffen werden dürfte.

Besondere Anforderungen stellt immerhin die Einsammlung des fertigen Pulvers, denn wenn auch vielleicht seine größte Menge dicht an der Zerstäubungsvorrichtung zu Boden sinkt, so muß es dort doch öfter zusammengekehrt und entfernt werden, wogegen der verbleibende Rest mit der Luft weiterzieht. Diese muß deshalb vor ihrem Austritt ins Freie eine gründliche Filtration durchmachen, was wieder große Filterflächen verlangt, deren stete Reinhaltung unbedingt nötig ist.

Allergrößte Sauberkeit, sowohl des Trockenraums bis zu den Filtern, wie des ganzen Betriebes, ist daher für die Herstellung der Trockenpulver als unerläßlich zu betrachten; Wände, Fußboden und Decke des Trockenraums sollten völlig glatt mit überall ausgerundeten Ecken hergestellt werden und einige kulissenartige Einbauten vorgesehen sein, um den Wind zu Richtungs- und Geschwindigkeitsänderungen zu zwingen. Das spezifische Gewicht der Milch läßt sich setzen = 1,03, die Menge der Trockensubstanz bei Vollmilch zu ca. 12%, bei Magermilch zu ca. 9%, so daß unter normalen Verhältnissen die Herstellung von 1 kg Milchpulver aus Vollmilch 8—8,5 l, aus Magermilch 11—11,5 l erfordert; im ersten Fall sind daher im Mittel 7,3, im zweiten rund 10,3 kg Wasser zu verdunsten, wofür pro kg auf mindestens 1100—1200 WE gerechnet werden muß.

Die gesamten Trockenkosten für 1 kg Milchpulver gibt Nicolai an[1]), einschließlich Kohlen, Arbeitslohn, Instandhaltung, Zinsen und Amortisation, zu nur 1 M. pro 100 l, bzw. 1 Pf. pro l der verarbeiteten Milch, wobei zwar normale Verhältnisse vor dem Kriege angenommen sind, doch erscheinen diese Beträge trotzdem weitaus zu niedrig. Es würde dabei 1 kg Milchpulver aus Vollmilch mit 7,3 kg Wasser zu stehen kommen auf 8,3 Pf., und dasselbe Gewicht aus Magermilch mit 10,3 kg Wasser auf 11,3 Pf., wozu in beiden Fällen noch der Betrag für den Rohstoff selbst zu schlagen wäre.

Auf 1 kg Wasserverdunstung umgerechnet würden die Kosten betragen $\frac{8,3}{7,3}$ bzw. $\frac{11,3}{10,3}$ oder im Mittel 1,12 Pf.

Das Gewicht der Eier ist sehr verschieden, doch dürfen für die Veranschlagung angesetzt werden 50 g pro Stück, wovon 7 g auf die Schale, 27 g auf Eiweiß und 16 g auf Eigelb kommen mit ca. 85, bzw. 51% Wasser[2]).

1 Ei ohne Schale enthält mithin ca. 12 g Trockensubstanz und ca. 31 g Wasser, bzw. das letztere macht 72% der flüssigen Bestandteile aus.

Auf 1 kg fertiges Trockenpulver sind daher zu rechnen: $\frac{1000}{12} = 83,3$ Eier und $\frac{83,3 \cdot 31}{1000} = 2,58$ kg Wasserverdunstung, wofür wieder mindestens pro kg 1100—1200 WE veranschlagt werden müssen.

Würde sie gleich hohe Kosten verursachen, wie bei der Milch, also 1,12 Pf. pro kg, so stellten sie sich für 1 kg Eipulver auf 1,12 · 2,58 = rund 3 Pf.

Wir wollen diese Nicolaischen Werte jetzt um etwa 50% erhöhen auf 12,5—17 und 5 Pf. für 1 kg Pulver und als Preise für die Rohstoffe annehmen:

---

[1]) Die Trocknungsindustrie, Jahrg. 1916, S. 185.
[2]) Angabe von F. Elsner.

1 l Vollmilch = 18 Pf.[1]
1 l Magermilch = 8 „
1 Ei   = 5 „

Dann gelangen wir zu folgenden Zahlen:

	a) bei Voll-milch	b) bei Mager-milch	c) bei Eiern
Zur Herstellung von 1 kg Pulver sind nötig i. M.	8,3 l	11,3 l	84 Eier
Das Gewicht beträgt	8,5 kg ohne Tara	11,6 kg ohne Tara	4,2 kg ohne Verpack.
Die Kosten sind.	M. 1,50 ohne Tara	M. 0,90 ohne Tara	M. 4,20 ohne Verpack.
Für das Trocknen kamen hinzu pro kg Pulver	M. 0,125	M. 0,17	M. 0,05
Mithin kostet 1 kg Pulver . .	M. 1,625	M. 1,07	M. 4,25

Durch Aufwendung der dem Wert der Ware gegenüber so außerordentlich geringen Trocknungskosten läßt sich deren Gewicht auf $^{1}/_{5}$—$^{1}/_{12}$, ihre Raumeinnahme noch weit mehr vermindern; von großer Bedeutung ist ferner, daß der Einkauf in einer Jahreszeit und Gegend mit billigen Preisen erfolgen kann, wogegen sich für den Verkauf weit günstigere Bedingungen abwarten und erzielen lassen, welcher Umstand für die Allgemeinheit jedoch nur dann Nutzen zu bringen verspricht, wenn sie allen etwaigen Monopolisierungsbestrebungen von vornherein geschlossen entgegentritt.

Hopfen.

Für die Trocknung und Erhaltung von Hopfen erfreut sich das von Humbser herrührende, früher durch Pat. Nr. 98888 geschützte Verfahren weitgehender Verbreitung, nachdem sein Ausbau von der Gesellschaft für Lindes Eismaschinen, Wiesbaden, in die Hand genommen ist.

Da nämlich eine der wertvollsten Eigenschaften in seinem Aroma besteht, welches sich bei der geringsten Wärmeentwicklung leicht verflüchtigt und diese wieder durch etwa auftretende Gärungsprozesse in feucht aufbewahrtem Hopfen

---

[1] Selbstverständlich handelt es sich hierbei um keine Kriegspreise.

sehr begünstigt wird, so ist eine möglichst kühle Lagerung unter allen Umständen anzustreben.

Zu diesem Zweck werden Kühlräume eingerichtet, über deren Fußboden, mit Ausnahme der für die Bedienung erforderlichen Wege, in 30—40 cm Höhe Lattenroste verlegt sind; die Zwischenräume zwischen den Rosten und dem Fußboden werden nach allen Seiten gut abgedichtet und stehen sämtlich mit dem Druckkanal eines außerhalb des Kühlraums aufgestellten Gebläses in Verbindung, während der Saugkanal desselben ebenfalls in den Kühlraum führt und sich dort unter der Decke in mehrere mit Luftlöchern versehene Holzkanäle verzweigt.

In den Druckkanal ist zwischen Gebläse und Kühlraum der Luftkühler eingeschaltet, der mit Rippenrohren für Salzsole oder mit Ammoniakspiralen ausgestattet sein kann; auf den Lattenrosten im Kühlraum sind die kühl und trocken zu erhaltenden Hopfenballen so aufzustellen, daß sie möglichst alle Spalten verdecken, damit der vom Gebläse durch den Luftkühler herangeschaffte Wind den Hopfen tunlichst gleichmäßig durchströmen muß, um durch die Saugleitungen unter der Decke dem Gebläse wieder zugeführt und von neuem umgewälzt zu werden.

Solange der Hopfen noch abzudunstende Feuchtigkeit enthält, erwärmt sich die aus dem Luftkühler mit etwa — 2° und weniger kommende, nahezu gesättigte Luft um ein weniges an ihm, wodurch sie befähigt wird, noch weitere Feuchtigkeit aufzunehmen; den geringen Zuwachs an Temperatur und Feuchtigkeit schleppt sie alsdann mit sich, um ihn beim neuen Betreten des Luftkühlers an den in ihm befindlichen Kühlrohren als Reif und Schnee niederzuschlagen.

Der Vorgang ist also fast derselbe, wie er zum Trocknen von Fleisch und Wild durch Eis im kleinen in den Kühlräumen vieler Fleischer zur Anwendung kommt[1]), nur daß er sich bei ein wenig tieferen Temperaturen, als dort abspielt.

Selbstverständlich ist die Wasserentziehung unbedeutend, was aber bei dem oft über viele Monate sich erstreckenden

---

[1]) Vgl. T. u. T. II. Aufl., S. 528 u. f.

Verbleiben des Hopfens in den Kühlräumen ohne Belang ist;
man begnügt sich dann, in ihnen eine Temperatur von — 2⁰
und tiefer bei etwa 70% Luftfeuchtigkeit aufrecht zu erhalten.

Für eine gelegentliche Lufterneuerung und Abtauung der
Kühlrohre im Luftkühler sind geeignete Luftverschlüsse, wie
bei allen Umwälztrocknern, vorzusehen.

Biertreber.

Unter den Trocknern für Biertreber muß auch derjenige
von Wilhelm Ponndorf, Cassel, genannt werden, da er sich
großer Beliebtheit erfreut, welche zum Teil auf die mit ihm
verbundene Füllpresse zurückzuführen ist.

Fig. 7 zeigt die Ausführung des ganzen Apparates als sogenannten Zwergtrockner, bestimmt für die Verarbeitung der
Treber von 2000 kg Trockenmalz in 24 Stunden, bzw. von etwa
85 kg stündlich, und läßt erkennen, daß der Apparat zur Klasse
der Muldentrockner nach Ottoschem System gehört. In der
gegen äußere Abkühlung möglichst geschützten Mulde mit
der sie nach oben abschließenden Haube rotiert ein Röhrenbündel mit daran befestigten Hubschaufeln, welche die Be-
förderung der Treber vom Eintritts- bis zum Austrittsende
in bekannter Weis besorgen. Vor dem Eintritt befindet sich
die konische Füllpresse mit der sich in ihr drehenden Schrauben-
spindel und dem an ihr befestigten Fülltrichter, in welchem sich
noch eine andere Spindel mit Rührflügeln dreht, um einen
stets gleichmäßigen Zugang der Naßtreber zur Füllpresse zu
gewährleisten. Als besondere Eigentümlichkeit sei erwähnt, daß
die Naßtreber schon vor oder in der Presse auf nahezu Dampf-
temperatur erwärmt werden, was die Abscheidung des Wassers
in der Presse und die Trocknung in der Mulde jedenfalls fördert.

Weitere Heizflächen sind vorgesehen in dem horizontal
unter der Haube verlaufenden Dampfzuführungsrohr, in dem
Röhrenbündel und in einigen Heizröhren unter der Mulde;
eine Ausnützung derselben, sowie der unter der Haube liegenden
Heizrohre zur Erwärmung der zur Abführung des Wasser-

dampfes aus dem Trockengut nach außen so nötigen Luft scheint nicht ins Auge gefaßt zu sein, doch läßt sie sich ohne große Schwierigkeiten einrichten.

Für die Förderung der Naßtreber in den Fülltrichter des Trockners direkt vom Läuterbottich aus verwendet Ponndorf seine Förderschlange, bestehend aus einer innerlich glatten Rohrleitung von genügender Länge und Weite und einem Aufnahmegehäuse mit darinn liegender Förderschnecke, nicht ganz unähnlich der Ponndorfschen Füllpresse.

Die aus dem Läuterbottich in den Aufnehmer gelangenden Naßtreber werden dort von der Förderschnecke erfaßt und

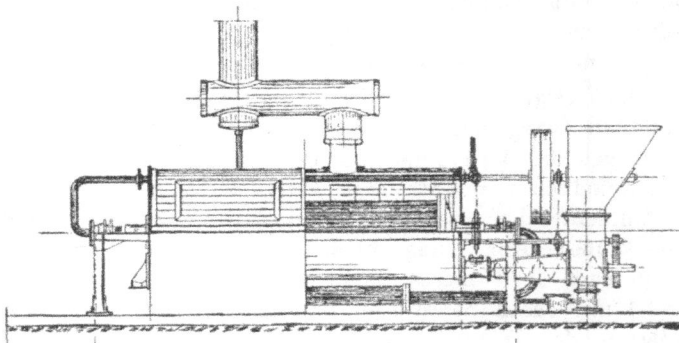

Fig. 7.

in die zum Trockner führende Rohrleitung als eine Art Pfropfen gedrückt, welchen absatzweise hinter ihm eingelassener Hochdruckdampf dann weiter durch die ganze Leitung ohne Rücksicht auf deren Neigung bis auf 200 m Entfernung in den Fülltrichter des Trockners treibt.

Aus einem von Professor Dr. Karl Windisch, Vorstand des K. technologischen Instituts zu Hohenheim, erstatteten Bericht über die Prüfungsergebnisse eines Ponndorfschen Trebertrockners seien folgende Daten mitgeteilt.

Getrocknet wurden in 5 Std. 41 Min. die Naßtreber von 700 kg Malz, deren Gewicht nicht festgestellt wurde, als deren Wassergehalt jedoch 78,5% genannt sind; die gewonnenen Trockentreber wogen 192,2 kg und enthielten 11,3% Wasser.

Das Gewicht der reinen Trockensubstanz berechnet sich somit zu:

$$\frac{192,2\,(100 - 11,3)}{100} = 170,5 \text{ kg}$$

und danach das Gewicht der Naßtreber zu:

$$\frac{170,5 \cdot 100}{100 - 78,5} = 793 \text{ kg mit } 78,5\,\%\ \text{Wasser} = 622,5 \text{ kg.}$$

Die Trockentreber dagegen enthalten davon noch 192,2 — 170,5 = 21,7 kg.

Es sind also im ganzen ausgetrieben 622,5 — 21,7

= 600,8 kg Wasser.

Davon laut Bericht durch die Füllpresse: 248,6 „ „

und es verbleiben für die Verdunstung: 352,2 kg Wasser.

Auf 700 kg Malz oder ca. 121 kg stündlich entfallen demnach 793 kg Naßtreber, bestehend aus:

Trockentreber . . . . 192,2 kg

abgepreßtem Wasser . . . . 248,6 „

verdunstetem „ . . . . 352,2 „

zusammen: 793 kg

Durch Pressung allein wurden:

$$\frac{248,6}{600,8} \cdot 100 = \text{ca. } 41\,\%$$

der ausgetriebenen Wassermenge entfernt, was als ein sehr günstiges Ergebnis angesehen werden muß.

Für die Gesamtleistung, also für Abpressung von 248,6 und insbesondere für die Verdunstung von 352,2 kg, sollen nur 291,3 kg Dampf von $1\frac{1}{4}$ Atm. verbraucht worden sein, doch läßt diese Angabe nicht auf eine sorgfältige Messung schließen, denn sie ist selbst dann noch ganz unhaltbar, wenn man annehmen wollte, daß die Dampfmenge reduziert sei auf solche, entstanden aus Wasser von 0^0, was aber augenscheinlich gar nicht gemeint ist.

Bedauerlich ist dabei nur, daß durch Bekanntgabe derartig unvernünftiger Zahlen von autoritativer Seite beim Publikum ganz verkehrte Anschauungen über Trocknungskosten geweckt werden.

Küchenabfälle.

Großer Wert ist seit Beginn des Krieges gelegt auf die Verwertung von Abfällen, unter welchen den Küchenabfällen schon wegen der großen davon vorhandenen Mengen eine besondere Bedeutung beikommt.

Ihre Beschaffenheit ist jedoch von sehr verschiedener Natur, weshalb auch ihre Behandlung ganz verschiedenartig ausfällt, je nachdem es sich handelt

a) um Knochen, um Gemüseabfall und Speisereste;

b) um den sogenannten Müll, also Asche, Schlacken, halbverbrannte Kohlen und Scherben von gläsernen, tönernen oder metallenen Geräten;

c) um Lappen von Zeug und Wirkwaren, um Altpapier u. dgl.

Die Trennung der Abfälle nach diesen 3 Gruppen findet am besten schon in der Küche statt, nachdem die gesonderte Aufsammlung und Abfuhr der zur Gruppe a) gehörigen neuerdings in allen größeren Städten obligatorisch gemacht ist, und haben wir uns auch nur mit ihr allein zu beschäftigen.

Die in den Haushaltungen vorgenommene Abscheidung von den übrigen Abfällen kann jedoch nicht immer Anspruch auf Zuverlässigkeit erheben, indem sich vielfach unter den Küchenabfällen der Gruppe a) noch ganze Küchenmesser, Glasscherben, Nadeln und anderes finden.

Das erste, was daher nach der Ankunft in der Verarbeitungsstelle zu geschehen hat, ist eine sorgfältige Verlesung, welche außerdem den weiteren wichtigen Zweck hat, solche Bestandteile auszuscheiden, die einer gesonderten Verwertung unterzogen werden sollen. Dazu gehören größere Knochen und vor allem Grünwaren- und Gemüseabfälle, soweit sie sich noch frisch verfüttern lassen.

Es empfiehlt sich, den verbleibenden Rest nochmals einer Verlesung zu unterziehen und dann über elektromagnetische Walzen zu leiten, um darauf noch diejenigen kleineren Fremdkörper, insbesondere aus Stahl oder Eisen, zurück-

zuhalten, welche dem Magen und den Gedärmen der Tiere
schädlich sind.

Walzen dieser Art, in verschiedenartiger Ausführung,
werden von der Maschinenfabrik „Humboldt", Kalk b. Cöln
a. Rh. und Anderen hergestellt.

Für die weitere Behandlung sind persönliche Anschauungen des Betriebsleiters, die Beschaffenheit der Abfälle und
ihre Verwertbarkeit nach der Bearbeitung, die davon an-
fallende Menge, die zur Verfügung stehenden Kraft- und
Wärmequellen, kurz eine ganze Reihe einzelner Faktoren maß-
gebend, so daß sich noch kein einheitlicher Gang heraus-
gebildet hat.

Für große Betriebe empfiehlt sich ungefähr folgendes,
von dem je nach den Verhältnissen das eine oder andere
fortbleiben kann.

Nach sorgfältiger Verlesung werden die zur Trocknung
bestimmten härteren und die weicheren Bestandteile, also
Knochen, soweit sie noch beigemengt sind, für sich und Fleisch
mit Gemüse für sich in geeigneten Zerkleinerungsmaschinen
auf ungefähr gleiche Stückgröße gebracht, um dann gemeinsam
einem Dämpfkessel zur Sterilisierung, bzw. Aufkochung über-
antwortet zu werden. Nachdem die dabei entstehende fett-
haltige Brühe abgezogen und einer gesonderten Weiterbehand-
lung zugeführt ist, gelangen die verbleibenden festeren Bestandteile in eine Presse, ähnlich der Ponndorfschen Treberpresse[1]),
oder der Pülpepresse von Hermann Schmidt-Cüstrin, welche
beide im Prinzip den bekannten Wurstpressen ähneln; die
damit ausgetriebene Flüssigkeit wird der bereits frei abge-
laufenen fetthaltigen Brühe zugemischt, während das nunmehr
gut vorgetrocknete festere Material in den Haupttrockner
wandert, worin ihm seine Feuchtigkeit bis auf wenige Prozente
zu entziehen ist, um es dann zu Pulver zermahlen und für den
Versand einsacken zu können.

In ähnlicher Weise wird sich voraussichtlich das von
Colsmann in den Melkogenwerken zu Seegefeld b. Spandau
betriebene Verfahren abwickeln, nur daß dem getrockneten

---

[1]) Vgl. S. 30.

Produkt noch eine gewisse Menge Melasse zugesetzt wird,
welche Mischung dann das unter dem Namen Melkogen bekannte Milchkraftfutter bildet. Dazu werden in Seegefeld
verarbeitet die Abfälle von Spandau und Charlottenburg,
ein Teil derjenigen von Hannover und, bis zur Fertigstellung
der eigenen Anlagen, die Abfälle von Leipzig. Über die Einzelheiten des Verfahrens wird Schweigen beobachtet, ebenso
wie über die benutzten Trockenapparate bisher nichts in die
Öffentlichkeit gedrungen ist. Gerade hierin herrscht aber die
größte Mannigfaltigkeit, da sich fast alle Systeme verwenden
lassen, und so finden sich neben Muldentrocknern mit rotierenden Röhrenbündeln sowohl Horden- als Kastendarren
und Bandtrockner, alles für Beheizung durch Dampf, außerdem aber auch Trommeltrockner für unmittelbare Befeuerung,
welche insbesondere für große Tagesleistungen und die dabei
zu verdunstenden bedeutenden Wassermengen eingehendste
Beachtung verdienen. Außer den Verbrennungsgasen der
eigenen Feuerung lassen sich natürlich auch die Abgase aus
andern städtischen Betrieben, insbesondere aus den Gas- und
Elektrizitätswerken, verwerten, wenn dadurch keine Be-
lästigung der Nachbarschaft zu befürchten steht.

Im übrigen weicht die Bauart der anzuwendenden Trockner
nirgends von denen der für Kartoffeln, Treber, Gemüse
u. dgl. benützten ab.

1 cbm vorgepreßter Abfälle wiegt vor der Trocknung
ungefähr 450 kg, wovon etwa 333 kg an Wasser durch die
Trocknung zu entfernen sind; lassen sich nun bei Verwendung
von Kastendarren 100 kg Wasser mit einem Aufwand von
ca. M. 2.— verdunsten, einschließlich aller mittelbaren und
unmittelbaren Kosten, was von der Höhe der Löhne, vom
Dampfpreis, der jährlichen Betriebszeit usw. abhängt, so
müssen für die Trocknung von 1 cbm Abfälle ca. M. 6.70
oder für 100 kg rund M. 1.50 veranschlagt werden.

Laut Bundesratsverordnung vom 26. Juni 1916, sollen in
allen Gemeinden über 40000 Einwohner alle Speisereste und
Küchenabfälle, soweit sie nicht zur menschlichen Ernährung

---

[1]) Vgl. T. u. T. II. Aufl., S. 65 bis 67.

dienen oder im eigenen Betriebe verfüttert werden, getrennt vom übrigen Müll gesammelt werden, um sie gemeinsamen Verwertungsstellen zuführen zu können, durch welches Vorgehen man jährlich bis zu 75 Mill. kg Trockenfutter zu erhalten hofft.

Die Förderung der Angelegenheit und die Verarbeitung der gesammelten Abfälle ist der unter Aufsicht des Reichskanzlers stehenden ,,Reichsgesellschaft für deutsches Milchkraftfutter, G. m. b. H., Berlin W 9, Köthenerstraße 38" mit einem Kapital von M. 4580000 übertragen, welche ihre Befugnisse wieder an geeignete Unternehmer verteilt, von denen der Schöpfer der Melkogenwerke in Seegefeld, Rittergutsbesitzer Colsmann, am bekanntesten geworden ist.

Nach den von Schütze[1]) angestellten Erhebungen gelangen jedoch, wenigstens bis jetzt, in den meisten der von ihm befragten Gemeindewesen die gesammelten Abfälle frisch zur Verfütterung und wird nur in den größeren Städten ein gewisser Teilbetrag getrocknet.

Schlachthof-Abfälle.[2])

Die verwertbaren Abfälle der Schlachthäuser bestehen in:
1. dem Panseninhalt der geschlachteten Wiederkäuer;
2. dem Abfall- und Kehrichtblut;
3. den gesunden Fleischabfällen;
4. den Konfiskaten;
5. den Knochen.

Während man dieselben bisher in Kochkesseln mit Heizdampfmänteln unter ständigem Umrühren bis zur Trockne eindickte, ist man neuerdings auf Veranlassung der Düssel-

---

[1]) Paul Schulze, Die Verwertung der Küchen- und Wirtschaftsabfälle, II. Aufl., 1916, Leipzig, Reichenbachsche Verlagsbuchhandlung.

[2]) Die folgenden Darlegungen stützen sich in der Hauptsache auf die anonymen Artikel in der »Trockenindustrie« 1916, Nr. 28, S. 217 u. 218; 1916, S. 60 und 1917, S. 17.

dorfer Schlachthausleitung an eine voneinander getrennte
Behandlung der einzelnen Bestandteile getreten, um ihren
besonderen Eigenschaften die erforderliche Sorgfalt widmen
zu können.

Als wünschenswert hatte sich nämlich herausgestellt, daß
die Pflanzenteile des Panseninhalts völlig getrocknet seien,
bevor sie mit dem Blut und seinen Nährstoffen in Berührung
treten, damit sie dasselbe um so leichter aufsaugen und sich
mit ihm sättigen können.

Der Panseninhalt wird deshalb jetzt vorher für sich allein
getrocknet, und zwar in einem gut ventilierten Muldentrockner
mit Dampfheizung, wie solche für Treber u. dgl. in Gebrauch
sind. Hierauf erfolgt eine durchgreifende Mischung mit dem
Blut und den zerkleinerten Fleischabfällen, von welchen die
gesunden ohne weiteres, die Konfiskate erst nach vorauf-
gegangener Abkochung, bzw. Sterilisierung zugesetzt werden,
und zwar benutzt man zu dieser Mischung eine Knetmaschine,
in welcher das gesamte eingebrachte Material während einer
halben Stunde gründlich, bei 20—30⁰ Wärme in der Masse,
durcheinander gearbeitet wird, so daß sich die Säfte und
Säuren gleichmäßig auf das Ganze verteilen.

Die so erhaltene Masse muß einer nochmaligen sorgfältigen Trocknung unterzogen werden, wozu sich Zonentrockner der Klasse II, Gruppe c) am ehesten eignen, da sich
bei ihnen eine kräftige Luftbewegung bei jeder gewünschten
Temperatur mit Leichtigkeit erreichen läßt.

Obgleich es nahe liegt, möge noch besonders darauf hingewiesen werden, daß das auf vorstehend beschriebene Weise
erzeugte Futter nicht für alle Tiere in gleichartiger Zusammen-
setzung hergestellt werden darf, sondern daß beispielsweise
für Schweine eine ganz andere Mischung, als für Pferde vorgesehen sein muß, doch hat hierfür der Trockentechniker
nicht aufzukommem.

Für die zweite Trocknung sind auch Vakuumtrockner
vorgeschlagen unter Betonung, daß dadurch ein völlig ge-
ruchloses Futter erhalten werde; in diesem Punkte steht jedoch
die Vakuumtrocknung einer Lufttrocknung, die bei niedriger

Temperatur mit viel Luft arbeitet, unbedingt nach; bei letzterer wird der Ware ihr eventueller Geruch jedenfalls zuverlässiger genommen.

Lederabfälle.

Derartige Abfälle sind nicht immer von derselben Beschaffenheit, was zum Teil auf die verschiedenartige Herkunft und Verarbeitung des Leders, zum andern Teil auf die Art der Apparate, denen die Abfälle entnommen wurden, zurückzuführen sein wird.

Im allgemeinen erscheinen sie als schwarze, zähflüssige, asphaltartige Masse, welche die Aufschließapparate warm verläßt und nach einiger Zeit erstarrt und langsam austrocknet.

Während die zähe Masse nach einigen Angaben anstandslos hohen Temperaturen ausgesetzt werden darf, entströmten andern, dem Verfasser eingesandten Proben bei der Erwärmung ziemlich scharfe, harzartige Gerüche in solchem Umfange, daß eine dauernde warme Behandlung des Materials in der Nähe menschlicher Wohnungen ausgeschlossen erscheint. Es ist daher anzunehmen, daß im ersten Falle dem Leder die aromatischen Bestandteile, Fette, Öle, bereits entzogen sind, während es im zweiten nur gedämpft war.

Als Gewicht der Masse wird 880 kg pro cbm angegeben, ihr auszutreibender Wassergehalt zu 45—55%. Nach vollständiger Trocknung und Erhärtung ist sie für den weiteren Gebrauch zu Pulver zu zerstampfen, sofern sie sich nicht schon durch das Trocknen in pulverförmigen Zustand überführen läßt.

Da wohl anzunehmen ist, daß auch die entölte Masse nicht völlig erhärtet, solange sie noch warm ist, so ergibt sich fast von selbst, daß sie am zweckmäßigsten warm am einen Ende in den Trockner hinein- und kalt am anderen Ende wieder herausgeführt wird, während die kalt eingebrachte und während der Durchströmung des Trockners in Spiralbahnen nach und nach erwärmte Frischluft den umgekehrten Weg macht und mit der höchsten zulässigen Temperatur am Eintrittsende der Ware davonzieht.

Wird der Apparat als Bandtrockner mit breitem Gurt aus Drahtgeflecht gebaut und als Zonentrockner nach dem Verfahren II c ausgebildet, so daß die Ware ihn in seiner wärmsten Zone betritt und in seiner kältesten Zone verläßt, so lassen sich dort allenfalls Abklopfvorrichtungen anbringen, um sie gleich in der verlangten pulverförmigen Beschaffenheit zu gewinnen.

Gemüse, Obst und Früchte.

Große Ausdehnung hat die bis dahin auf etwa 24 Fabriken mit einer jährlichen Gesamtproduktion von 6000—7000 t in Deutschland und Holland beschränkte Trocknung von Gemüse genommen, seitdem dessen Bezug aus dem Ausland in frischem Zustande wesentlich beschnitten wurde.

Da hieß es, schnell leistungsfähige Einrichtungen schaffen, um von allem, was während der warmen Jahreszeit heranreifte, soviel als möglich für den Verbrauch während der kalten Zeit zu erhalten; was sich also irgend dem sofortigem Verbrauch entziehen ließ, mußte getrocknet oder, wie man auf deutsch sagt, „präserviert" werden.

Für solche Massenbefriedigung schien sich jedoch keine der gebräuchlichen Bauarten zu eignen, da man von den durch Rauchgase geheizten Trommeltrocknern mit Unrecht befürchtete, daß die Ware in ihnen zu hoch erhitzt werden könnte, und daß das getrocknete Produkt einen Geschmack nach Rauch oder gar nach schwefliger Säure annähme. Es hat sich aber längst gezeigt, daß derartige Behauptungen jeder Begründung entbehren.

Immerhin blieb es erwünscht, nicht zu hoch erwärmte Luft in großen Mengen für die Trocknung zu verwenden, was am schnellsten und einfachsten in unbenutzten Darren von Brauereien und Malzfabriken geschehen konnte und auch geschehen ist, da viele Brauereien überhaupt ihren Betrieb einschränken mußten. Da dieselben aber auch zum Trocknen von Getreide, Kartoffeln usw. in Aussicht genommen wurden, so reichten sie bei weitem nicht aus, auch nicht bei Hinzunahme

der wenigen vorhandenen, zum Teil ziemlich unvollkommenen
Einrichtungen für Gemüsetrocknung, und so war nichts will-
kommener, als daß sich in der von Dr. Otto Zimmermann,
Ludwigshafen a. Rh., entworfenen, noch verhältnismäßig wenig
bekannten „Colonial- oder Expreßdarre" (Fig. 8 und 9) eine
Bauart bot, welche bei Einfachheit der Bedienung große

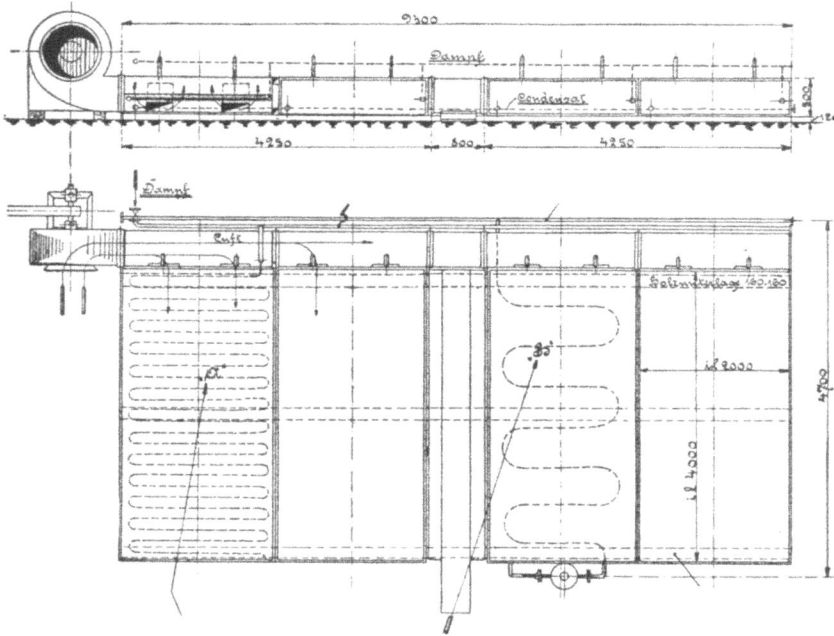

Fig. 8 u. 9.

Leistungen ermöglichte, und welche sich ohne allzu hohe
Kosten schnell anfertigen und leicht aufstellen ließ.

Da eine solche Darre auch für sonstige schaufelbaren
Produkte verwendbar ist und leicht, gewissermaßen als Massen-
artikel, schablonenmäßig hergestellt werden kann, so ent-
sprach sie weitgehend den Bedürfnissen des Augenblicks und
fand schnell eine ganze Anzahl Nachahmungen unter den
verschiedensten Namen, wovon hier nur genannt seien: Plan-,

Waben-, Phönix-, Rapid-, Guts-, Flächen-, Töpferdarre! Keiner der verschiedenen Hersteller wollte sich den in Aussicht stehenden Anteil am Gewinn entgehen lassen und hat so zur Verbreitung der Darre das seinige beigetragen; mögen sie daher selbst sich noch oft und reichlich am Genuß des darauf hergestellten Dörrgemüses erfreuen können.

Alle diese Bauarten weisen je 4 flache Kasten auf, von 4 m Länge bei 2 m Breite und 0,25 m Tiefe, mit gelochtem Boden, die in 4 andern Kasten von derselben Länge und Breite, aber doppelt so großer Höhe hängen; die oberen Kasten werden mit dem zu trocknenden Naßgut angefüllt, um dann durch heißen, von unten durch die Bodenlöcher hindurchströmenden Wind getrocknet zu werden.

Das dazu dienende Gebläse ist, wie die Abbildung erkennen läßt, neben den Kastendarren aufgestellt, welchen Namen wir fortab beibehalten wollen, da er das Wesen der verschiedenen Ausführungsformen am besten bezeichnet.

Der angesaugte Wind wird in eine an den 4 Darren vorüberführende weite Leitung gepreßt, von wo er in die 4 flachen Räume unter den gelochten Böden der oberen Kasten treten kann, solange die Absperrschieber zwischen den flachen Räumen und der Windleitung offenstehen, was während der ganzen Trockenperiode der Fall zu sein pflegt.

In diesen Räumen liegen Dampfheizrohre, durch welche sich der Windstrom auf 70⁰ und mehr erwärmen läßt, um mit dieser Temperatur das die Kasten anfüllende Gut solange zu durchströmen, bis es überall gleichmäßig getrocknet ist, was in vielen Fällen seine mehrfache Umschaufelung erwünscht, wenn nicht nötig macht.

Bei neueren Kastendarren erfolgt die Erwärmung der Luft oft in besonderen Winderhitzern, welche zwischen dem Gebläse und den Darren in die Windleitung geschaltet werden und sich sowohl für Beheizung durch Hoch- wie Niederdruck- oder Abdampf einrichten lassen, als auch für Erwärmung der kalten Frischluft durch Vermischung mit den heißen Abzugsgasen von Koksfeuerungen; in Fig. 10 u. 11 ist ein gesetzlich geschützter Apparat der letzten Art von Dr. Zimmermann wiedergegeben.

Er besteht aus einer Art Feuerbüchse, wie wir sie an Loko-
mobilen und Lokomotiven kennen, mit Schamotteausmauerung
um den Rost und einem düsenartigen Abzug für die Verbren-

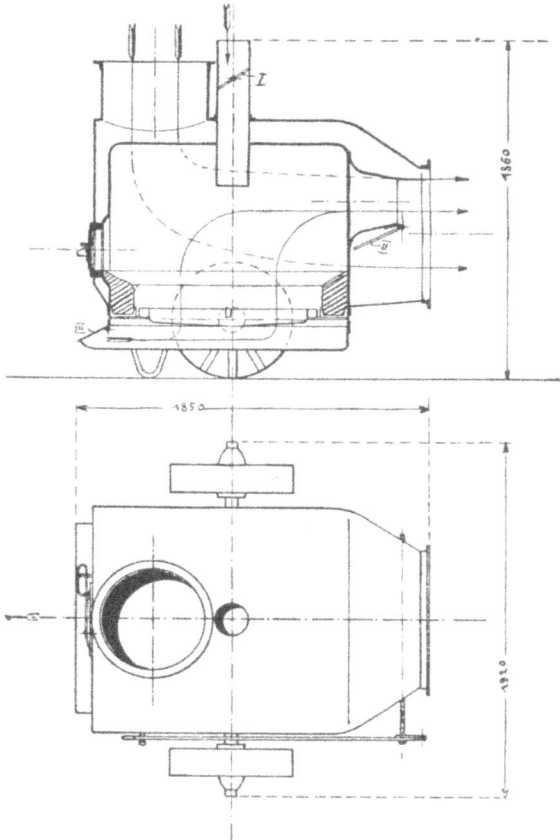

Fig. 10 u. 11.

nungsgase, welcher durch eine Klappe II geschlossen oder
beliebig weit geöffnet werden kann. Der Verbrennungsraum
dieser Feuerbüchse ist umgeben von einem nach oben und
nach der Seite mit weiten Stutzen versehenen Mantel, durch

welchen Luft in der Richtung der Pfeile mit Hilfe des Darren-
gebläses gesaugt werden kann. Der entstehende Luftstrom
umspült die erwähnte Abzugsdüse an der Feuerbüchse und
erzeugt dadurch den erforderlichen Zug für die Verbrennung
des Kokses auf dem Rost in dem Maße, wie es die Einstellung
der Klappe III am Aschenfall bei offener Klappe II gestattet.

In einem kleinen Schlot, welcher das Innere der Feuerbüchse mit der Außenluft verbindet, befindet sich noch eine
dritte Klappe I, deren Zweck ein doppelter ist, ebenso wie der
des ganzen Schlotes. Da das Feuer nämlich brennen muß,
ehe Darre und Gebläse in Betrieb gesetzt werden, ist bis
dahin die Klappe II zu schließen, während die Klappen I
und III offenstehen müssen, damit der Schlot als Schornstein
wirken kann. Sobald das Feuer jedoch richtig brennt und
sich der Betrieb eröffnen läßt, ist auch Klappe II zu öffnen,
sowie das Gebläse anzustellen, und es ziehen dann Frischluft
durch den Mantel und Heizgase durch die Düse gemeinsam
nach der Darre, wobei die Frischluft die Feuerbüchse von
außen kühlt und sich dabei selbst erwärmt.

Zur Regelung der Verbrennung und damit gleichzeitig
der Temperatur der abziehenden Mischgase dient Klappe III
am Aschenfall; die Temperatur kann aber weiter noch be-
einflußt werden durch Klappe I im Schlot, welcher nunmehr
seine bisherige Aufgabe als Schornstein nicht mehr zu erfüllen
hat, sondern als zweites Zuführungsrohr für Frischluft in
Wirkung tritt; es empfiehlt sich jedoch, den Schornstein nur
als Schornstein zu benutzen und die Temperaturregelungen
allein durch Klappe III vorzunehmen, da die Einstellung um
so schwieriger wird, je mehr Organe dafür vorhanden und
zu berücksichtigen sind. Und das ist bei einer Einrichtung,
wie der vorliegenden, von besonderer Wichtigkeit, denn da
die Verbrennungsgase nicht nur mit der nassen, sondern auch
noch mit der vollständig getrockneten Ware in unmittelbare
Berührung treten, so müssen sie immer funkenfrei und mit
so viel Luft gemengt sein, daß ihre Temperatur zu keiner
Feuersgefahr Veranlassung geben kann.

Damit haben wir ein Gebiet betreten, welches sich bei
der großen Verbreitung, welche die Darren gefunden haben,

nicht stillschweigend übergehen läßt — ihre großen Mängel
nämlich.

Sind sie für die Trocknung von Viehfutter aller Art in
landwirtschaftlichen Betrieben auch von großer Bedeutung,
so bilden sie doch für die Herstellung menschlicher Nahrung
selbst bei aufmerksamer, sachverständiger Überwachung und
ununterbrochener Wartung immer nur einen schätzenswerten
Behelf in provisorischen oder nur gelegentlichen Betrieben,
wie für plötzliche Massenverproviantierungen, für Aushilfs-
leistungen u. dgl.; damit ist aber auch das ihnen zuzu-
gestehende Verwendungsgebiet für Trocknung von Gemüsen
und Nahrungsmitteln erschöpft, sofern die erzeugten Waren
nicht für völlig anspruchslose Menschen bestimmt sind.

Hat sich doch in der Fachpresse schon ein sehr lebhafter
Meinungsaustausch darüber entwickelt, daß man kein ge-
dörrtes oder Dörrgemüse, sondern getrocknetes oder Trockengemüse verlange und sei für diejenigen, welche infolge Sprach-
gebrauchs keinen Unterschied zwischen beiden anerkennen,
bemerkt, daß hier unter „gedörrt" ein Zustand der -Dürre,
ohne Saft und Kraft, bei welchem alle organischen Bestandteile verändert oder abgetötet sind, verstanden sein soll,
wogegen einer „getrockneten" Ware nur ihr Wassergehalt
bis auf eine geringe Menge (10—12% meistens) entzogen,
alles übrige aber unverändert zu bleiben hat. In diesem
Sinne dürfte eigentlich alle für Menschennahrung bestimmte
Ware nie gedörrt sein, da dadurch viele Nährwerte verloren
gehen, ganz abgesehen von dem sehr darunter leidenden
Geschmack.

Beim Trocknen auf der Kastendarre treten dieselben
Mängel auf, wie sie im Kapitel „Der Trockenvorgang" für
das Trocknen „im Gegenstrom" besprochen wurden, welche
ebensogut bei der Darrentrocknung zu unbefriedigenden Er-
gebnissen führen können, wie Trocknung im Gegenstrom,
sofern die Wartung nicht ganz ihrer Aufgabe gewachsen ist.
Denn naturgemäß wird von dem auf der Darre ausgebreiteten
Naßgut die unterste Schicht zuerst trocken, die oberen folgen
erst nach und nach. Währenddessen werden aber die unteren
trockenen Schichten immer noch von heißer und trockener

Luft durchströmt, die dort lediglich ausdörrend wirkt und
oben immer weniger Feuchtigkeit vorfindet, so daß ihre
Nutzleistung mehr und mehr abnimmt, wenn die ganze Ware
nicht in gewissen Zeitabständen umgeschaufelt wird.

Zu diesen Übelständen tritt bei Anwendung des sogenannten Trockenluftgenerators für Beheizung durch Koks
noch die Notwendigkeit, die Temperatur der Heizgase auf
stets gleichmäßiger, nicht zu großer Höhe zu erhalten, so daß
die an die Wartung und Überwachung des ganzen Trockenvorgangs gestellten Anforderungen ziemlich hoch ausfallen,
wenn immer einwandfreie Ware erzielt werden soll.

Im Grunde ist daher die weite Verbreitung, welche die
Kastendarre zur Herstellung von Trockengemüse gefunden
hat, zu beklagen, da dieselben aller Wahrscheinlichkeit nach
zwar jetzt, in den Zeiten der Not, Abnehmer finden, aber
kaum den Wunsch aufkommen lassen, daß uns auch für die
Zukunft derartige Genüsse erhalten bleiben möchten.

Der Verbrauch an Wärme stellt sich nach der im Anhang
unter C. angefügten Berechnung, wenn die Trockenluft auf
70° und nicht darüber erhitzt zutritt, auf rund 160000—
125000—100000 WE pro 100 kg Wasserverdunstung, je nachdem die Außenluft — 10°, + 5° oder + 25° bei voller, bzw.
60% Sättigung aufweist, welche Witterungsverhältnisse auch
den übrigen Vergleichsberechnungen zugrunde gelegt werden
sollen. An Luft sind dabei nötig etwa 9000 kg,

Die Leistung einer Darre richtet sich dann nur noch nach
dem stündlich durch sie geleiteten Gewicht an Wind, welches
außerdem des bessern Vergleichs wegen auch auf den Quadrat-
meter ihrer Oberfläche bezogen werden möge.

Liefert beispielsweise das Gebläse stündlich 20000 kg von
der Pressung, welche die Luft vor dem Eintritt in die Heizkammer haben muß, so können dem Trockengut durchschnitt-
lich $\frac{20000}{9000} \cdot 100 = 222$ kg Feuchtigkeit pro Stunde entzogen
werden. Da die Normaldarre von 4 Feldern eine Fläche von
32 qm hat, so wird sie mit $\frac{20000}{32 \cdot 60} = 10{,}4$ kg Wind pro qm
und Minute beansprucht; sie kann an Rot- oder Weißkohl

mit einem Naßgewicht von ca. 325 kg pro cbm aufnehmen,
wenn sie 135 mm hoch damit beschickt wird: $32 \cdot 0{,}135 \cdot 325$
= ca. 1400 kg mit etwa 1110 kg daraus zu verdunstendem
Wasser..

Die Trockendauer stellt sich demnach auf $\dfrac{1110}{222}$ = 5 Std.

und die während jeder derselben aufzuwendende Wärme je
nach der herrschenden Außentemperatur auf 355000—277500
—222000 WE.

Da in 24 Std. höchstens 4 mal eine Neufüllung vorgenommen werden kann, so berechnet sich die tägliche Leistung
zu $4 \cdot 1400 = 5600$ kg oder rund 110 Ztr. Kohlverarbeitung.

Veränderungen in der Höhe der Beschickung haben nur
Einfluß auf die Trockendauer, welche stets so gewählt werden
sollte, daß sie sich bequem in die tägliche Arbeitszeit hineinfügt.

Veränderungen in der Leistung lassen sich innerhalb
gewisser Grenzen durch entsprechende Änderung der Wind-
und Wärmemenge herbeiführen, wobei jedoch festzuhalten ist,
daß für je 100 kg Wasserverdunstung immer die dafür oben
angegebenen Beträge zur Verfügung stehen müssen.

Bekanntlich wird jedoch oft, zum Schaden des getrockneten Produkts, mit weit höheren Temperaturen gearbeitet,
wobei sich natürlich höhere Leistungen ergeben; dazu kann
einerseits nicht geraten werden und würde außerdem ein Vergleich mit Trocknern anderer Systeme nicht möglich sein.

Den Kastendarren wird gewöhnlich ihre leichte Trans-
portfähigkeit nachgerühmt, doch kommt dieselbe nur für gewisse landwirtschaftliche Erzeugnisse wie Gras, Korn in
Garben od. dgl. zur Geltung und auch allein in einfeldriger
Ausführung, denn fast alle andern Produkte wollen auch ge-
waschen, zerkleinert, überhaupt vorbereitet sein, welche Arbeiten wohl niemand auf freiem Felde vornehmen wird, sondern
in vor Wind und Wetter geschützten Räumen, in denen alsdann die Darre ebenfalls aufzustellen ist.

Dafür sollte ihr eigentlich stets eine solide Dunsthaube
mit Abzugsrohr beigegeben werden, um jedes Deckentropfen
und jedes Faulen des darüber befindlichen Holzwerks zu
verhindern.

Diesem Mangel sucht die geschlossene Darre von J. A.
Topf & Söhne, Erfurt, (Fig. 12) entgegenzuarbeiten, welche
außerdem jedenfalls den Zweck verfolgt, die Gleichmäßigkeit
der Trocknung zu verbessern.

Anstatt aus 4 Kasten besteht die Einrichtung aus 4 Kammern mit Siebböden, unter welchen je 2 und 2 in der Weise
miteinander in Verbindung stehen, daß beispielsweise die
in die Kammern I, I von oben eintretenden erwärmten Luft-
ströme unterhalb der Siebböden bei II, II nach den Räumen
III, III übertreten, um von dort wiederum oben abgesaugt
zu werden, welcher Weg nach Umstellung der in den Kanälen
über den Kammern befindlichen Klappen in umgekehrter
Richtung durchlaufen wird. Die an den Stellen II, II einge-

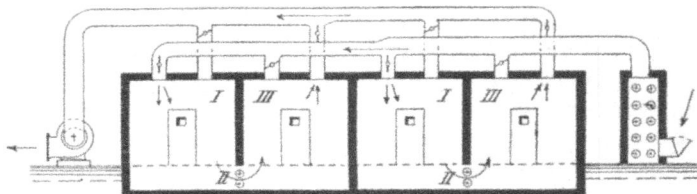

Fig. 12.

zeichneten Heizrohre sind bei der Topfschen Bauart nicht
vorgesehen; rechts befindet sich der Winderwärmer, links
der Exhaustor.

Die Umstellung der Klappen erfolgt jedesmal nach halber
Vollendung des Trockenvorgangs; das in jeder Kammer auf
dem Siebboden ausgebreitete Trockengut wird somit zur Hälfte
der Zeit nach der einen, die zweite Hälfte nach der andern
Richtung durchströmt.

Da sich die Leistung der Darre bei festliegender Arbeits-
temperatur der Trockenluft nur nach dem Gewicht richtet,
welches davon stündlich durch sie hindurchgeleitet wird,
so läßt sich mit einer geschlossenen Darre nur halb so viel
trocknen, als mit einer offenen, da bei gleicher Flächenbean-
spruchung bloß die halbe Menge Wind erst durch die eine,
und dann durch die zweite Felderserie muß, was keine andere

Wirkung hat, als wenn er durch die Hälfte der Felder mit doppelt so hoher Beschickung getrieben wird.

Nachdem sich aber weder an der Temperatur noch an der Sättigung der Luft beim Eintritt, wie beim Austritt etwas ändert, so daß sich auch dadurch kein Vorzug für die geschlossene Bauart ergibt, so muß die durch den Wechsel in der Strömungsrichtung allenfalls . erreichbare, etwas gleichmäßigere Durchtrocknung recht teuer erkauft werden durch die Verminderung der täglichen Leistung einer geschlossenen Topfschen Darre auf die Hälfte einer offenen! Was also eigentlich damit hat erreicht werden sollen, bleibt unklar, um so mehr, als sich durch eine kleine Abänderung die Leistung wieder hätte erhöhen und gleichzeitig der spezifische Wärmeverbrauch wesentlich herabsetzen lassen; war es dazu doch nur nötig, an den Stellen II, II die dort schon angedeuteten Zwischenerwärmungen einzubauen.

Der Wärmeverbrauch wäre alsdann nach der in Anlage D. durchgeführten Berechnung auf ca.

$$127\,000\text{—}112\,000\text{—}90\,000 \text{ WE}$$

pro 100 kg Wasserverdunstung gesunken und hätte sich somit vermindert um:

$$\text{ca. } 14\% \quad 11\% \quad 10\%,$$

wogegen die Stundenleistung wieder das 0,86fache der offenen Darre erreicht hätte, anstatt des 0,5fachen, wie bei der Topfschen Anordnung; sie stellt sich demnach auf $0,86 \cdot 222 = \infty 190$ kg Wasserverdunstung mit

$$241\,300\text{—}213\,000\text{—}171\,000 \text{ WE}.$$

Diesen Vorteil hat die Firma Benno Schilde, G. m. b. H., Hersfeld, ihrem Simplextrockner (T. u. T. S. 504, Fig. 241) augenscheinlich ebenfalls zuwenden wollen, indem sie den Schacht, in welchem die 10 Hordenkasten, dem Heißluftstrom entgegen, herunterwandern, in eine obere und eine untere Hälfte teilte und zwischen beide eine Nachwärmung einschaltete, so daß die bei der Durchströmung des unteren Stapels von 5 Horden abgekühlte Luft von neuem erwärmt wird und mit der erlangten höheren Temperatur in den oberen Stapel von ebenfalls 5 Horden tritt.

Leistung und Verbrauch sind nach denselben Grundsätzen zu ermitteln, wie für zweifache Erwärmung, da es ganz gleichgültig ist, ob die Ware in niedrigen Schichten und auf 5 übereinander gesetzte Horden verteilt oder in nur einer hohen Schicht und auf einer Horde untergebracht dem Trockenluftstrom ausgesetzt wird. Leider aber erfährt der gefundene Verbrauch eine so starke Vermehrung durch das zur Auswechslung einer einzigen Horde notwendige 4malige Öffnen des Schachtes, daß jede zuverlässige Berechnung aufhört. Da nämlich die Überführung einer Horde aus dem oberen auf den unteren Stapel wegen des dazwischen angebrachten Heiz-

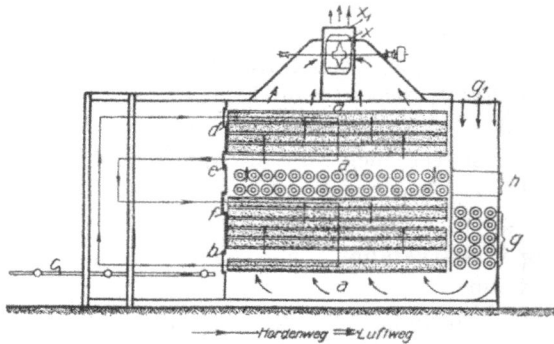

Fig. 13.

körpers nicht ohne weiteres möglich ist, muß die betreffende Horde erst aus dem Schacht herausgezogen, gesenkt und dann wieder in ihn hineingeschoben werden, was zusammen mit der ersten Ein- und endgültigen Ausbringung 4 Eröffnungen des Schachtes nötig macht, wobei eine recht erhebliche, sich jeder Kontrolle entziehende Menge kalter Luft hineinströmt.

Die Anordnung kann keinesfalls als vorbildlich bezeichnet werden, zumal die Hauptvorzüge, den Darren gegenüber, in dem ununterbrochenen Betrieb und dem geringen Platzbedarf zu erblicken sind, denn die Ersparnis an Wärme geht größtenteils oder ganz verloren durch den Mehraufwand an Kraft.

Der Erzeugung eines tadelfreien Produktes stehen fast die gleichen Schwierigkeiten gegenüber, wie bei der Darre.

Von der Gesamtanordnung gibt Fig. 13 eine Anschauung. Als Leistung des in der „Trocknungs-Industrie", 1917, S. 59, dargestellten Apparates gibt Dipl.-Ingenieur A. Scherhag an, daß die 70 mm hoch mit 130 kg Naßgut beschickten Horden nur ca. $2\frac{1}{2}$ Std. im Trockner bleiben, indem etwa jede Viertelstunde eine Auswechslung stattfindet. Der Trockner enthält demnach 10 Horden à 130 kg und verarbeitet stündlich $\frac{1300}{2,5} = 520$ kg. Sofern das betreffende Gemüse aus Kohl besteht, dem rund 80% Wasser zu entziehen sind bei einem Gewicht pro cbm von etwa 325 kg, muß jede Horde eine Fläche von 6 qm haben, und die stündlich zu verdunstende Wassermenge stellt sich auf reichlich 400 kg.

Zur Erzielung einer derartigen Leistung auf 6 qm Hordenfläche sind aber nötig: ausreichende Heizflächen, hoher Dampfdruck, mindestens 85° Eintrittstemperatur des Windes, ziemlich trockene Außenluft von 10—12°, und eine Windmenge von mindestens 2500 kg pro qm Hordenfläche und Stunde, welche zu treiben wäre durch 2 Heizkammern, 10 Siebgeflechte und etwa 500 mm zusammengesintertes Trockengut.

Abgesehen von dem hierfür erforderlichen Kraftverbrauch und der Notwendigkeit, hohe Dampfspannungen zu verwenden, läßt sich die benötigte Luftmenge schwerlich durch den verfügbaren Querschnitt treiben und noch weniger mit den gezeichneten Heizflächen genügend hoch erwärmen; das erzielte Trockenprodukt würde aber keinesfalls Anspruch auf besondere Güte erheben können.

Es muß also schon ein sehr trockenes Gemüse sein, worauf sich die erwähnten Angaben beziehen, denn nach der auf Anlage F. des Anhangs durchgeführten Berechnung wird ein Simplextrockner mit Horden von 6 qm Fläche bei Erzeugung einwandfreier Ware nur höchstens die Hälfte verarbeiten, also stündlich aus 250 kg Gemüse bis zu 200 kg Wasser verdunsten können.

Der Trockenvorgang vollzieht sich auf den beschriebenen Darren und Horden, die wir jetzt verlassen, nach Klasse I; derselbe Vorgang findet sich bei allen Gegenstromtrocknern,

von welchen für Gemüse hauptsächlich zur Verwendung kommen: mit vorgewärmter Luft arbeitende Bandtrockner und
sogenannte Kanaltrockner.

Mit beiden brauchen wir uns nicht weiter zu befassen,
da ihre Einrichtungen als bekannt gelten dürfen[1]) und ihre
Wirkungsweise auf das Trockengut fast genau derjenigen der
Darren und Simplextrockner gleicht, insbesondere auch keine
besseren Erzeugnisse liefert. Eine Berechnung über ihren
Bedarf an Wärme und Wind ist auf Anlage E. durchgeführt.

Ganz wesentlich anders verhält es sich mit solchen Band-
und Tunneltrocknern, welche mit Umwälzung der im Trockner
selbst mehrfach erwärmten Luft arbeiten, welches Verfahren
zunächst in seiner einfachsten Form auf Bandtrockner an-
gewandt wurde, angeblich auf Grund der Ergebnisse von Versuchen auf der Dresdener Technischen Hochschule, die mit
einem Aufwand von 50000 M. veranstaltet sind[2]).

Über das Erreichte wird Schweigen beobachtet, da es
sich augenscheinlich mit dem hier und in der II. Auflage von
„Das Trocknen und die Trockner" Gesagten vollkommen
deckt und Neues nicht hinzugebracht hat.

Nach den spärlichen bekannt gewordenen Einzelheiten besteht ein kleinerer Versuchstrockner aus mehreren, hinter-
einandergeschalteten Bändern, ähnlich der Wanderdarre,
Fig. 5 und 6.

Die auf die höchste zulässige Temperatur gebrachte Trockenluft wird von unten durch die Bänder und das auf ihnen
ruhende Naßgut getrieben, um, durch das Gebläse angesaugt,
an den Heizflächen vorüber, abermals durch die Bänder mit
dem Naßgut geleitet, und so fort in stetem Kreislauf umgewälzt
zu werden, wobei sie bald einen hohen Grad von Feuchtigkeit
erreicht; einem gewissen Teilbetrag dieser stark erwärmten
und mit Wasserdämpfen beladenen Luft wird dabei Gelegenheit gegeben, ins Freie zu entweichen, um einer gleich großen
Menge an Frischluft Platz zu machen; der Vorgang entspricht
somit dem der Klasse II, Gruppe a).

---

[1]) Vgl. T. u. T. II. S. 209, Fig. 73; S. 473, Fig. 214.
[2]) Vgl. »Die Trocknungsindustrie« 1917, Nr. 2, S. 12.

Das Trockengut gelangt sofort beim Eintritt in feuchte Wärme, worin es bis zu seinem Austritt verbleibt, da der ganze Apparat damit erfüllt ist, und nähert sich seine Behandlung der von uns in der Einleitung verlangten schon merklich, doch tritt es immer noch mit verhältnismäßig hoher Temperatur aus, was meistens nicht gerade gewünscht wird.

Dieser Mangel läßt sich auf die einfachste Weise vermeiden durch Anwendung mehrerer kleiner Gebläse anstatt eines großen, Einführung der Frischluft an beiden Enden und Ableitung der gesättigten Luft in der Mitte des Trockners, dessen Gesamtanordnung alsdann der eines Zonentrockners in Form der Wanderdarre Fig. 5 und 6 gleicht und dem Vorgang Klasse II, Gruppe c) entspricht.

Der Kraft- und Wärmeverbrauch beider Systeme, wie er auf Anlage G. durchgerechnet ist, gleichen sich in diesem Fall, da die Zahl der angewandten Zonen nur klein ist.

Umwälzung der Luft durch e i n Gebläse eignet sich eigentlich nur für kleinere Leistungen mit nur einem endlosen Band, wogegen die Erzielung größerer Leistungen fast von selbst zur Anwendung mehrerer hintereinander liegender Bänder und Zonentrocknung führt.

Angeblich soll für das Trocknen größerer Mengen in Aussicht genommen sein, die Bänder oder Gurte nicht hinter, sondern übereinander zu schalten, und zwischen je zweien Heizrohre zu verlegen, um die von unten nach oben im Kreislauf durchgetriebene Luft nach jeder Abkühlung sofort wieder zu erwärmen, was selbst theoretisch nur einen ganz unbedeutenden Vorteil erwarten lassen würde.

Dem stellt sich in der Praxis jedoch die große Schwierigkeit entgegen, daß der Wind mehrere Bänder mit Trockengut durchdringen muß, anstatt nur eines, daß demzufolge seine Anfangspressung wesentlich höher sein muß und er deshalb soviel als möglich seinen Weg um die Bänder herum, anstatt durch sie hindurch suchen wird, zumal ihm Gelegenheit genug dazu zur Verfügung steht; bildet doch die Herstellung einer zuverlässigen Abdichtung an den seitlichen Rändern, sowie zwischen den übereinander liegenden Trommeln der Gurte eine noch nicht gelöste Aufgabe der Bandtrockner dieser Art.

4*

Mehrere Gurte übereinander sollten daher nur für Bandtrockner verwendet werden, bei welchen die Trockenluft
horizontal über die Gurte hinweg und nicht vertikal durch
sie hindurch zu streichen hat, wobei sie ja ebenfalls sowohl der
Länge, als der Quere nach umgewälzt werden kann.

Als Material für die sehr breiten Gurte empfiehlt sich
unverzinkter, besonders zäher Gußstahldraht und für die
Ausführung die Drahtflachglieder-Konstruktion, wie sie die
Firma A. W. Kaniß-Wurzen i. Sachsen mit ihren Maschinen
in Breiten von 100—2500 mm, in Drahtstärken von 1—6 mm
und darüber in tadelloser Güte herstellt. Selbstverständlich
sind die Gurte nicht durch Schrauben oder Federn, sondern
durch Gewichte anzuspannen, wie in Fig. 5 angedeutet.

Alle Bandtrockner nehmen jedoch einen im Verhältnis
zu ihren Leistungen großen Raum ein, selbst bei Anwendung
mehrerer Gurte übereinander, welche überdies allerlei Kon-
struktionsschwierigkeiten bietet und keinenfalls billig in der
Ausführung wird.

Unter Berücksichtigung dieser Punkte und aller sonst
noch dafür und dagegen zu erhebenden Einwände wird sich
deshalb kaum noch bestreiten lassen, daß sich für die Erfüllung
aller an die Trocknung von Obst und Gemüse zu stellenden
Ansprüche ein Tunneltrockner mit Horden und Hordenwagen am besten eignet, wenn er nach dem Zonensystem des
Verfassers ausgebildet ist.

Da das in Frage kommende Material immer einer sehr
sorgfältigen Vorbereitung durch Reinigen, Sortieren und Zer-
kleinern unterliegt, wobei es völlig gleich ist, ob es schließlich
in Körben oder auf Horden gesammelt wird, steht eine Vermehrung des Bedienungspersonals nicht zu erwarten, besonders
wenn für Füllung und Entleerung der Wagen die in Fig. 14
bis 16 angedeuteten Einrichtungen vorgesehen sind.

Die Abbildungen zeigen einen zweigeleisigen Tunnel, der
Raum für 20 Wagen mit je 8 Horden[1]) bietet und für die

---

[1]) Zur Herstellung der Hordenflächen sei auf Geflecht aus
Peddigrohr, sowie auch auf die von Max Vetterlein, Zittau i. S.,
hergestellten sog. »Schattendecken« aufmerksam gemacht.

Fig. 14 bis 16.

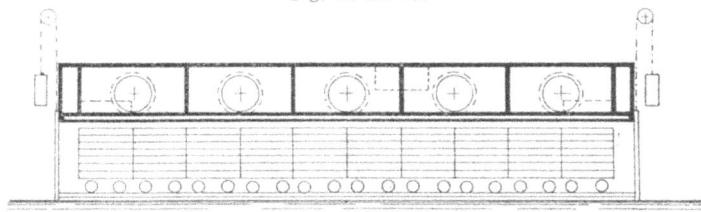

Längenschnitt.

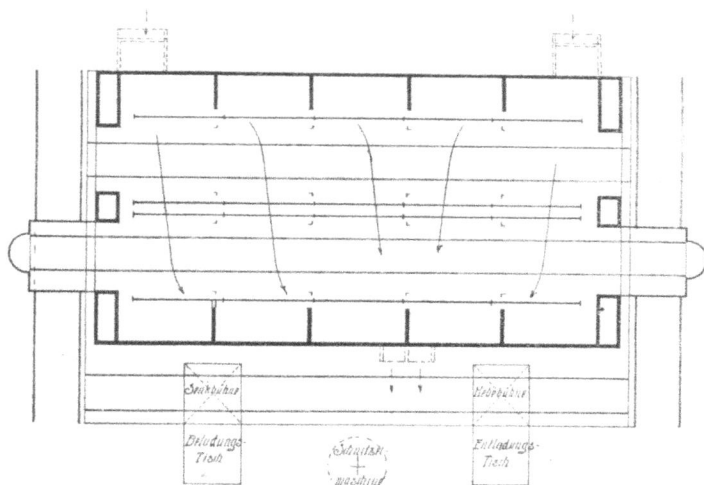

Grundriß.

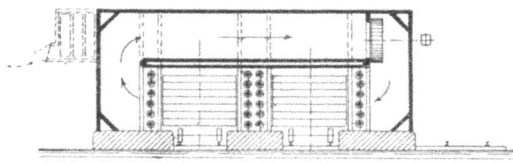

Querschnitt.

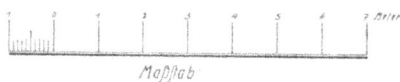

Maßstab

recht achtbare Leistung von stündlich 400 kg Wasserverdunstung, bzw. 500 kg Gemüseverarbeitung ausreicht.

Vor den beiden Stirnseiten des Trockners laufen über-
deckte Schiebebühnen, durch welche die Wagen auf ein drittes
Geleise überführt werden können, in welchem sich zwei Bühnen,
eine zum Heben, die andere zum Senken der Wagen befinden.
Beide Bewegungen erfolgen absatzweise und automatisch
vor festen Ent- und Beladetischen, so daß der Übergang der
Horden von den Wagen zu den Tischen und umgekehrt sich
schnell und einfach vollzieht. Zwischen beiden Tischen lassen
sich die Maschinen aufstellen zum Zerschneiden des Gemüses,
denen die eben entleerten Horden gleich wieder zu unter-
breiten sind, um sofort weiter in den zu füllenden Wagen
geschafft zu werden. Die Geleisestrecke zwischen den beiden
Bühnen muß hoch liegen, damit der rechts bei der Entleerung
gehobene Wagen links bei der Füllung wieder gesenkt werden
kann. Die kastenartigen Überdeckungen der Schiebebühnen
sollen den Zutritt kalter Frischluft beim Öffnen der Türen
möglichst einschränken.

Die Zufuhr von Frischluft hat zwar trotzdem an beiden
Enden zu erfolgen, an den in der Zeichnung durch die Pfeile
gekennzeichneten Stellen, doch nur, nachdem sie auf 20—25°
gebracht ist; für die stete Innehaltung dieser Temperatur
sorgt ein selbsttätiger Regler. Sie wird dann in bekannter
Weise[1]) durch eine Anzahl Gebläse quer zur Längsachse der
Tunnel umgewälzt und gleichzeitig etwas nach der Mitte
verschoben, wobei sie in fortwährender Abwechslung an Heiz-
und an Trockenflächen vorüberstreicht und eine immer höhere
Temperatur erreicht und immer mehr an Feuchtigkeit auf-
nimmt, um damit ins Freie abzuziehen.

Auch über diesen Trockner ist auf Anlage H. eine Berechnung beigefügt, aus welcher der außerordentlich niedrige
Wärmeverbrauch der Zonentrocknung ohne weiteres ersichtlich
ist. Stellt er sich doch nur auf 88000—82000—75000 WE pro
100 kg Wasserverdunstung, obgleich die Arbeitsbedingungen
ungünstiger, als bei den übrigen Systemen angenommen wurden.

---

[1]) Vgl. T. u. T. II. Fig. 91 bis 92, Fig. 95 bis 97, Fig. 180 u. a.

Dabei ist nicht zu unterschätzen, daß das Trockengut
in kühle Zonen eingeführt und auch wieder kühlen Zonen
entnommen wird, daß es während des ganzen Aufenthalts
im Trockner der Beeinflussung durch feuchtwarme Luft unterliegt und somit die schädliche Wirkung trockener heißer Luft
ausgeschlossen ist, also alle Bedingungen zur Erzielung eines
einwandfreien Produktes erfüllt sind.

Die Abbildungen Fig. 14 bis 16, sowie die Berechnung
auf Anlage H. beziehen sich auf eine Anlage zur Auftrocknung
von stündlich 400 kg Wasser, wogegen für 200 kg schon 1 Geleise ausreicht und für 600 kg die Ausdehnung auf 3 Geleise
mit den erforderlichen Wagen und Heizröhren genügt, während
die Gebläse keiner Abänderung bedürfen; die gesamte Anordnung ist mithin für größere Leistungen, bis etwa 16000 kg
Wasserverdunstung, bzw. 20000 kg Tagesverarbeitung eines
Apparats in 24 Std., ganz besonders in Erwägung zu ziehen.

Ist die täglich zu bewältigende Menge eines und desselben Produkts noch umfangreicher, so können direkt be-
heizte Feuertrommeln in Frage kommen, welche sich bekanntlich für Rüben- und Kartoffelschnitzel, für Rüben- und Kartoffelkraut, für städtische Abfälle und viele andere Stoffe
durchaus bewährt haben, so daß sie voraussichtlich auch für
manche Gemüse zu verwerten sind; weniger allerdings für
Obst und Früchte, für welche sich bei reichlichem Anfall
immer die Trocknung auf Horden in abgestuften Temperatur-
zonen am besten bewähren wird.

Damit dürfte die Reihe der mit mechanisch angetriebenen
Gebläsen arbeitenden Systeme erschöpft sein, so daß eine ver-
gleichende Zusammenstellung der nur mit erwärmter Luft
arbeitenden, für eine Leistung von etwa 200 kg stündlicher
Wasserverdunstung möglich ist. Sie ist als Anlage K. dem
Anhange beigefügt und läßt deutlich erkennen, wie sowohl
bei den periodisch, als wie bei den ununterbrochen arbeitenden
Trocknern der Wärmeverbrauch um so mehr abnimmt, als
Temperatur und Wärmewert der fortziehenden Abluft steigen.

Zum besseren Verständnis der sich bei den verschiedenen
Verfahren abwickelnden Vorgänge sind dieselben in Anlage J.
zeichnerisch dargestellt, welche Darbietungen der Beachtung

besonders empfohlen seien, da sich in der gleichen Weise jeder
mit Veränderung der Beschaffenheit feuchter Luft zusammen-
hängende Kraft- und Wärmeaufwand, wie Temperaturwechsel
leicht klarstellen läßt[1]).

Vielfach werden Gemüse vor der Einführung in den
Trockner mit heißem Wasser übersprudelt oder einige Augen-
blicke gedämpft, um ihnen ein frisches Aussehen zu erhalten,
doch haben sich auch schon Stimmen gegen den Wert einer
solchen Behandlung erhoben; allem Anschein nach kann sie
wenigstens beim Trocknen in feuchtwarmem Luftstrom völlig
erspart bleiben.

Manche der vorstehend besprochenen Trockner sind
natürlich auch zum Trocknen von ganzen oder zerteilten Früch-
ten, von entsteintem und nicht entsteintem Obst u. dgl. verwendbar, doch werden wohl meistens kleinere Apparate benützt. Erwähnt seien davon nur die Ryderdarre von Ph. May-
farth & Co., Frankfurt a. M.[2]), die sogenannten Geisenheimer
Darren von Waas und von Issinger, die Dörrapparate von
W. Strässer-Reutlingen sowie auch die durch Grude geheizten Dörröfen von Aug. Krause-Leipzig u. a.[3])

Nunmehr endlich könnten wir das Gebiet der Trocknung
von Gemüse und Obst verlassen, wenn der durch sie zu er-
reichende Zweck das Ziel der Gesamtaufgabe bildete.

Das ist aber nicht der Fall, denn nicht das trockene
Produkt soll verwendet werden, sondern erst das wiederbelebte,
von neuem auf seinen ursprünglichen Wassergehalt gebrachte.
Für diesen zweiten Vorgang werden aber oft von Berufenen
und Unberufenen, von Behörden und Privaten die unver-
nünftigsten Ratschläge und Vorschriften gegeben, bei deren
Innehaltung selbst das beste Trockenprodukt zu einem kraft-
und geschmacklosen, verwässerten oder verkleisterten Etwas
wird, dem selbst der anspruchsloseste Gaumen keinen Reiz

---

[1]) Vgl. »Gesundheits-Ingenieur« 1915, Nr. 7, S. 73 und Nr. 8,
S. 90.

[2]) Vgl. T. u. T. II, S. 517.

[3]) Hierzu tritt neuerdings noch der Dörrofen von Josef Roth-
mund, Fürstenfeldbruck b. München.

mehr abgewinnen kann; man braucht nur an die in Dresdener
Blättern gegebenen Anleitungen zur Verwertung der be-
hördlich gelieferten Kartoffelflocken zu denken, um zu erkennen, daß der betreffende Berater sich gar keine Rechen-
schaft über die Herstellung der Flocken und das, was sich aus
ihnen machen läßt, gegeben hat; er würde sonst wohl kaum
empfohlen haben, die während ihrer Herstellung bereits 2 mal
mit Temperaturen von 100^0 und darüber behandelten Flocken
nochmals zu kochen!

Dem richtig getrockneten Produkt fehlt nichts, als das
ihm entzogene Wasser, um es in seine Beschaffenheit vor
dem Trocknen zurückzuversetzen, welcher Satz nur einer
Einschränkung bedarf in bezug auf einige riechende Stoffe,
die sich schon bei niedrigen Temperaturen verflüchtigen, wie
bei Zwiebeln, bei manchen Fischen u. a., sie gehen aber auch
beim Kochen der noch frischen Waren verloren.

Da mithin nur das vertriebene Wasser ergänzt zu werden
braucht, wirkt jeder Überschuß verdünnend oder auslaugend,
unter allen Umständen also schädigend und sollte nach Möglichkeit vermieden bleiben.

Alle Nahrungsmittel, also auch die Gemüse, werden vor
der Trocknung bereits gründlich gereinigt und brauchen daher
nach der Trocknung vor der Verwendung nur übersprudelt
zu werden, um sie dann einzuweichen, wozu sich wahrscheinlich erwärmtes Wasser am besten eignet, doch nur in den
zum Aufweichen erforderlichen Mengen; alles weitere Über-
gießen, Erneuern und Abgießen bewirkt eine Auflösung und
Fortschwemmung von Nähr- und Geschmackstoffen, so daß
schließlich eine äußerst fade und verwässert schmeckende
Substanz zurückbleibt; zum Kochen des Gemüses soll daher
auch in erster Linie das Einweichwasser benützt werden, da
dasselbe noch große Mengen dieser Stoffe enthält.

Zum Schluß sei endlich noch die Hauptfrage der ganzen
Gemüsetrocknerei gestreift, und zwar:

Welche Gemüse sollen denn eigentlich getrocknet werden?

Tatsächlich halten sich die wichtigsten Kohlarten so
lange, daß es unter normalen Verhältnissen kaum lohnen
wird, sie zu trocknen; Hülsenfrüchte halten sich ebenfalls

ohne künstliche Trocknung. Die Frühgemüse, Spargel, Spinat, Salat usw. kommen wenig in Betracht, da glücklicherweise das Trocknen derselben vor Ende Juli untersagt ist; es bleiben somit in der Hauptsache: Bohnen, Möhren, Pilze, und dafür lassen sich doch kaum Neuanlagen für täglich 1000 Ztr. Verarbeitung errichten, wie jetzt mehrfach in Aussicht genommen wird.

Wenn es aber wirklich nötig ist, uns den größten Teil aller Gemüse nur in getrocknetem Zustand zuzuführen, dann sollte auch dafür Sorge getragen werden, daß es in dieser Form immer mindestens den gleichen Anforderungen entspricht, wie sie jederzeit an frisches Gemüse gestellt werden dürfen.

Nudeln, Makkaroni.

Für kleinere Nudelbäckereien ohne Dampfbetrieb werden seit einiger Zeit häufig sogenannte Frischlufttrockner verwendet, welche im Grunde genommen als solche aus einzelnen Teilen zusammengestellte Tunneltrockner zu betrachten sind, welche mit vorgewärmter Luft im Gegenstrom arbeiten, entsprechend dem Vorgang nach Klasse I.

Der Tunnel besteht seiner Länge nach aus mehreren Teilen, wovon der erste einen Füllofen enthält und der letzte mit einem Abzugsschlot zur Erzeugung der erforderlichen Luftströmung in Verbindung steht. Die dazwischen befindlichen Tunnelstücke laufen auf Rollen und können beliebig aus der Verbindung heraus- und hineingeschoben werden; jeder dieser fahrbaren Teile enthält eine Anzahl Horden übereinander zur Aufnahme der Teigwaren.

Beim normalen Betrieb bilden alle diese als Wagen zu bezeichnenden Teile zusammen mit den beiden Endabteilungen einen durchlaufenden Tunnel, angefüllt mit dem auf den Horden liegenden Trockengut. In bestimmten Zeitabständen wird der dem Warmlufteintritt nächste Wagen aus dem Verband gelöst, herausgezogen, alle übrigen rücken auf, und in die am

Luftabzugsende entstehende Lücke kommt ein neuer, mit
frischer Ware bepackter.

Für solche Fälle, in denen Kraft zum Antrieb eines Gebläses zur Verfügung steht, hat die Einrichtung eine sehr
wesentliche Verbesserung erfahren, indem sich die Trockenluft nunmehr im Kreislauf umwälzen läßt, wobei nur ein gewisser regelbarer Teil derselben gesätt gt ins Freie zu entweichen braucht, um durch eine gleich große Menge an Frischluft ersetzt zu werden. Der Trockenvorgang vollzieht sich
also nicht mehr nach Klasse I, sondern nach dem wesentlich
günstigeren, Klasse II, Gruppe a, wobei die Temperatur im
Tunnel je nach Wunsch gleichmäßig auf 25, 30 oder mehr
Grad gehalten werden kann.

Zu welchem Zweck derselbe aus einer Reihe von Wagen
zusammengesetzt werden muß, anstatt ihn in üblicher Weise
als Röhre auszubilden und die Wagen hindurchlaufen zu
lassen, ist nicht erkennbar; von weit größerer Wichtigkeit wäre
jedenfalls, möglichste Vollkommenheit der bei der Niedrig-
keit der zulässigen Temperatur für kleinere Anlagen allein
richtigen Umwälzung der Trockenluft anzustreben, wozu die
jetzt meistens leicht zu beschaffende elektrische Kraft zum
Antrieb von Gebläsen eine willkommene Handhabe bietet.

Schlußwort.

Fassen wir hiernach das Ergebnis der verflossenen 1000 Kriegstage zusammen, so werden sie der Trockenindustrie des Deutschen Reiches zwar ungefähr 1600 neue Trockeneinrichtungen beschert haben, doch ohne daß dies als ein besonderer Fortschritt bezeichnet werden kann.

Der weitaus größte Teil dieser Neuanlagen besteht aus Darren, auf denen sich einer der ältesten bekannten Trockenvorgänge in der einfachsten Weise abwickelt; das Neue an ihnen, dem auch unbedingte Anerkennung zu zollen ist, besteht in der zweckmäßigen Gestaltung, durch welche es möglich wird, die ganze Vorrichtung innerhalb weniger Stunden an beinahe jedem beliebigen Platz ohne große Vorbereitungen aufzustellen und in Betrieb zu setzen.

Davon bleibt aber die Vollkommenheit des Trockenvorgangs ganz unberührt, der noch derselbe ist, wie er schon von alters her bei allen Darren als verbesserungsbedürftig erkannt wurde.

Der zweitgrößte Anteil an Neuanlagen fällt den Walzentrocknern für Kartoffelflocken zu, deren Durchbildung vielfach schon vorher den höchsten Grad der für sie erreichbaren Vollkommenheit erhalten haben dürfte, deren Verwendungsmöglichkeit sich aber doch nur auf die Herstellung von Kartoffelflocken beschränkt, und zwar unbestritten auch nur, soweit die Flocken als Viehfutter Verwendung finden sollen, da ihre Beschaffenheit durch den auf den Walzen durchgemachten Trockenvorgang doch zu leiden scheint.

Der verbleibende Rest an Neuschöpfungen zersplittert sich in Normalapparate verschiedener schon eingeführter Systeme, und vereinzelte Bestrebungen, die ersten Schritte zu Verbesserungen auf neuen Bahnen zu machen, doch ist ihnen noch sehr die Unsicherheit anzumerken.

Dabei sind die Wege zum Vorwärtskommen schon von Verschiedenen angegeben, in allen ihren Einzelheiten aber vom Verfasser so oft und eingehend besprochen, daß sich ohne Schwierigkeit das Geeignetste für jeden Zweck finden lassen dürfte.

„Allestrockner" gibt es nur für solche, die sich durch jedes Schlagwort blenden lassen. Jeder an den Ofen gerückte Tisch ist ein Allestrockner: Manches wird, vieles wird danach, und anderes wird gar nicht! Wohl aber läßt sich manches Gleichartige in demselben Apparat trocknen, und zwar nicht nur unter dem Gesichtspunkt, da ß, sondern wie es trokken wird.

Die meisten Prospekte heben allein die Quantität, selten die Qualität der fertiggestellten Ware hervor und erreichen dadurch der urteilslosen Menge gegenüber voraussichtlich das meiste, bis diese sich einmal darauf besinnt, daß die Güte der Ware doch eigentlich die Hauptsache ist.

Dann aber wird auch auf diesem Gebiet eine Neuorientierung nötig, und dazu sollen die in diesem Buche ausgesprochenen Gedanken die Wege ebnen helfen zum Besten der Allgemeinheit und in erster Linie zum Nutzen des Vaterlandes.

Anhang.

Zahlentafel IX. Wärmewerte in WE (oben) und Wassergehalt in Gramm bezogen auf 1 kg des darin enthaltenen

Temp. in °C	Sättigung der Mischung									
	100	95	90	85	80	75	70	65	60	55
−15°	−3,02	−3,05	−3,08	−3,10	−3,13	−3,16	−3,18	−3,21	−3,24	−3,26
	0,88	0,84	0,79	0,75	0,70	0,66	0,62	0,57	0,53	0,48
−10°	−1,44	−1,49	−1,54	−1,59	−1,63	−1,68	−1,72	−1,77	−1,81	−1,86
	1,58	1,50	1,42	1,34	1,26	1,18	1,11	1,03	0,95	0,87
−5°	0,30	0,23	0,15	0,08	0,00	−0,07	−0,15	−0,22	−0,30	−0,37
	2,50	2,37	2,25	2,12	2,00	1,87	1,75	1,62	1,50	1,37
0°	2,27	2,16	2,04	1,93	1,82	1,71	1,59	1,48	1,36	1,25
	3,8	3,6	3,4	3,2	3,0	2,8	2,7	2,5	2,3	2,1
5°	4,42	4,25	4,09	3,93	3,77	3,61	3,45	3,29	3,13	2,96
	5,4	5,1	4,9	4,6	4,3	4,1	3,8	3,6	3,3	3,0
10°	6,95	6,71	6,48	6,25	6,02	5,79	5,56	5,33	5,10	4,87
	7,6	7,3	6,9	6,5	6,1	5,7	5,3	5,0	4,6	4,2
15°	9,94	9,62	9,30	8,98	8,66	8,34	8,01	7,68	7,36	7,04
	10,6	10,1	9,5	9,0	8,5	8,0	7,4	6,9	6,4	5,8
20°	13,58	13,13	12,68	12,23	11,78	11,33	10,88	10,43	9,99	9,55
	14,4	13,7	13.0	12,2	11,5	10,8	10,1	9,4	8,6	7,9
25°	18,10	17,48	16,86	16,24	15,62	15,00	14,38	13,76	13,15	12,54
	20,0	19,0	18,0	17,0	16,0	15,0	14,0	13,0	12,0	11,0
30°	23,60	22,73	21,88	21,03	20,19	19,35	18,51	17,67	16,84	16,01
	27,1	25,6	24,2	22,9	21,5	20,1	18,7	17,3	16,0	14,6
35°	30,55	29,38	28,21	27,05	25,90	24,76	23,61	22,48	21,35	20,23
	36,4	34,5	32,6	30,7	28,8	26,9	25,0	23,1	21,3	19,5
40°	39,37	37,78	36,18	34,60	33,03	31,48	29,94	28,40	26,89	25,38
	48,7	46,1	43,5	40,9	38,4	35,8	33,3	30,8	28,3	25,9
45°	50,51	48,33	46,12	44,02	41,91	39,81	37,73	35,67	33,64	31,62
	64,7	61,1	57,6	54,1	50,7	47,3	43,9	40,6	37,3	34,0
50°	65,12	62,12	59,12	56,22	53,34	50,45	47,67	44,92	42,27	39,59
	86,2	81,3	76,5	71,7	67,0	62,4	57,9	53,4	49,0	44,6
55°	84,11	79,90	75,82	71,80	67,86	63,99	60,18	56,44	52,76	49,15
	114,5	107,8	101,2	94,7	88,4	82,1	75,9	69,9	64,0	58,2
60°	109,29	103,46	97,76	92,20	86,76	81,45	76,26	71,19	66,23	61,48
	152,6	143,3	134,1	125,2	116,5	107,9	99,6	91,4	83,6	75,7
65°	143,30	134,96	126,88	119,06	111,48	104,12	96,98	90,07	83,32	76,78
	204,7	191,3	178,3	165,8	153,7	141,9	130,5	119,4	108,6	98,1
70°	190,88	178,59	166,64	155,54	144,71	134,32	124,33	114,73	105,48	96,58
	278,0	258,3	239,6	221,5	204,3	187,7	171,7	156,0	141,7	127,0
75°	259,96	241,02	223,18	206,35	190,43	175,35	161,05	147,47	134,57	122,27
	384,9	363,0	326,4	299,6	274,3	250,3	227,5	205,9	185,4	165,9
80°	366,35	335,31	306,61	280,08	255,65	232,84	211,76	191,98	173,54	156,23
	550,7	501,4	455,8	413,7	375,0	338,8	305,3	273,9	244,7	217,3
85°	549,41	491,61	440,67	394,60	354,85	318,31	285,28	255,22	227,77	202,58
	835,4	744,1	663,6	590,9	528,0	470,3	418,1	370,7	327,3	287,6
90°	922,24	790,06	682,96	593,82	518,40	453,98	398,5	349,26	305,91	267,92
	1416	1209	1041	900,3	781,5	680,1	592,1	515,3	447,5	387,4
95°	2047	1550	1235,4	999,82	830,81	695,99	588,19	500,97	426,56	364,41
	3176	2396	1904	1532	1267	1055	886,1	749,3	633,1	535,2
100°	—	7721	3671	2321	1646	1240	970,0	777,0	632,3	519,74
	—	12030	5700	3588	2533	1900	1477	1176	950	774
110°	—	7758	3687	2330	1652	1245	973,4	779,7	634,5	521,6
	—	11991	5676	3571	2519	1888	1468	1167	942	767
120°	—	7808	3712	2347	1664	1254	981,9	787	640,9	527,3
	—	11973	5669	3567	2516	1886	1466	1166	941,3	766,5
130°	—	7861	3739	2365	1678	1265	990,8	794,6	647,6	533,2
	—	11965	5665	3565	2515	1885	1465	1166	941,1	766,4
140°	—	7915	3766	2382	1691	1276	1000	802,1	654	538,6
	—	11948	5657	3560	2512	1883	1464	1164	940,1	765,2
150°	—	7971	3793	2401	1705	1287	1008	809,7	660,7	544,8
	—	11939	5653	3558	2510	1881	1463	1164	939,8	765,4

A.

(unten) von feuchter Luft mit 760 mm Gesamtspannung (Barometerstand), Anteils an reiner (trockener) Luft.

in Prozenten											Temp. in °C
50	45	40	35	30	25	20	15	10	5	0	
−3,29 / 0,44	−3,32 / 0,40	−3,34 / 0,35	−3,37 / 0,31	−3,40 / 0,26	−3,43 / 0,22	−3,45 / 0,18	−3,48 / 0,13	−3,51 / 0,09	−3,53 / 0,04	−3,56 / —	} −15°
−1,91 / 0,79	−1,96 / 0,71	−2,00 / 0,63	−2,05 / 0,55	−2,09 / 0,47	−2,14 / 0,39	−2,19 / 0,32	−2,23 / 0,24	−2,28 / 0,16	−2,32 / 0,08	−2,37 / —	} −10°
−0,45 / 1,25	−0,52 / 1,12	−0,59 / 1,00	−0,67 / 0,87	−0,74 / 0,75	−0,82 / 0,62	−0,89 / 0,50	−0,97 / 0,37	−1,04 / 0,25	−1,12 / 0,12	−1,19 / —	} − 5°
1,13 / 1,9	1,02 / 1,7	0,91 / 1,5	0,79 / 1,3	0,68 / 1,1	0,57 / 1,0	0,45 / 0,8	0,34 / 0,6	0,23 / 0,4	0,11 / 0,2	0 / —	} 0°
2,80 / 2,7	2,63 / 2,4	2,47 / 2,2	2,31 / 1,9	2,15 / 1,6	1,99 / 1,4	1,83 / 1,1	1,67 / 0,8	1,51 / 0,5	1,35 / 0,3	1,19 / —	} 5°
4,64 / 3,8	4,42 / 3,4	4,19 / 3,0	3,96 / 2,7	3,73 / 2,3	3,50 / 1,9	3,28 / 1,5	3,05 / 1,1	2,82 / 0,8	2,59 / 0,4	2,37 / —	} 10°
6,72 / 5,3	6,40 / 4,8	6,09 / 4,2	5,78 / 3,7	5,46 / 3,2	5,14 / 2,6	4,82 / 2,1	4,50 / 1,6	4,18 / 1,1	3,87 / 0,5	3,56 / —	} 15°
9,11 / 7,2	8,67 / 6,5	8,23 / 5,8	7,79 / 5,0	7,35 / 4,3	6,91 / 3,6	6,47 / 2,9	6,04 / 2,2	5,61 / 1,4	5,18 / 0,7	4,75 / —	} 20°
11,93 / 9,9	11,32 / 8,9	10,72 / 7,9	10,12 / 6,9	9,52 / 5,9	8,92 / 4,9	8,32 / 3,9	7,72 / 2,9	7,12 / 1,9	6,53 / 1,0	5,94 / —	} 25°
15,18 / 13,2	14,36 / 11,9	13,54 / 10,5	12,73 / 9,2	11,92 / 7,9	11,11 / 6,5	10,31 / 5,2	9,51 / 3,9	8,71 / 2,6	7,91 / 1,3	7,12 / —	} 30°
19,12 / 17,7	18,01 / 15,9	16,91 / 14,1	15,81 / 12,3	14,72 / 10,5	13,64 / 8,7	12,56 / 7,0	11,49 / 5,2	10,42 / 3,5	9,36 / 1,7	8,31 / —	} 35°
23,88 / 23,4	22,39 / 21,0	20,92 / 18,6	19,46 / 16,2	18,06 / 13,8	16,56 / 11,5	15,12 / 9,2	13,70 / 6,9	12,29 / 4,6	10,89 / 2,3	9,50 / —	} 40°
29,62 / 30,7	27,65 / 27,5	25,69 / 24,4	23,75 / 21,2	21,83 / 18,1	19,93 / 15,0	18,05 / 11,9	16,18 / 8,9	14,33 / 5,9	12,50 / 2,9	10,69 / —	} 45°
36,87 / 40,3	34,14 / 36,0	31,56 / 31,8	28,95 / 27,7	26,44 / 23,6	23,95 / 19,5	21,44 / 15,5	19,02 / 11,6	16,63 / 7,7	14,20 / 3,8	11,87 / —	} 50°
45,59 / 52,4	42,09 / 46,8	38,66 / 41,6	35,28 / 35,8	31,95 / 30,4	28,67 / 25,1	25,45 / 20,0	22,28 / 14,8	19,16 / 9,8	16,09 / 4,9	13,06 / —	} 55°
56,63 / 68,1	51,98 / 60,6	47,43 / 53,2	42,98 / 46,1	38,62 / 39,1	34,35 / 32,3	30,17 / 25,5	26,07 / 19,0	22,05 / 12,5	18,11 / 6,2	14,25 / —	} 60°
70,44 / 87,9	64,26 / 78,0	58,24 / 68,4	52,38 / 59,1	46,68 / 50,0	41,14 / 41,1	35,74 / 32,4	30,47 / 24,0	25,33 / 15,8	20,32 / 7,8	15,44 / —	} 65°
87,99 / 113,8	79,72 / 100,5	71,73 / 87,8	64,02 / 75,5	56,56 / 63,6	49,35 / 52,2	42,38 / 41,0	35,63 / 30,3	29,09 / 19,9	22,76 / 9,8	16,62 / —	} 70°
110,56 / 147,3	99,37 / 129,5	88,69 / 112,5	78,48 / 96,3	68,71 / 80,7	59,33 / 65,9	50,35 / 51,6	41,72 / 37,9	33,44 / 24,8	25,42 / 12,1	17,81 / —	} 75°
139,98 / 191,5	124,67 / 167,2	110,25 / 144,4	96,63 / 122,8	83,74 / 102,4	71,38 / 83,0	59,95 / 64,8	48,94 / 47,4	38,48 / 30,8	28,51 / 15,0	19,00 / —	} 80°
179,42 / 251,0	158,01 / 217,2	138,19 / 186,0	119,77 / 156,9	102,62 / 129,9	86,76 / 104,9	71,62 / 89,0	57,57 / 58,8	44,36 / 38,1	31,92 / 18,5	20,19 / —	} 85°
233,66 / 333,5	202,88 / 285,1	175,05 / 241,3	149,70 / 201,5	126,54 / 165,1	105,40 / 131,9	85,89 / 101,2	67,91 / 73,0	51,23 / 46,8	35,78 / 22,6	21,37 / —	} 90°
311,16 / 451,8	264,99 / 379,4	224,61 / 316,2	188,59 / 259,8	157,28 / 210,7	128,93 / 166,4	103,41 / 126,4	80,31 / 90,3	58,48 / 56,2	40,14 / 27,5	22,56 / —	} 95°
429,66 / 633	355,92 / 518	294,47 / 422	242,46 / 341	197,86 / 271,4	159,23 / 211,1	125,36 / 158,3	95,49 / 111,7	68,91 / 70,4	45,15 / 33	23,75 / —	} 100°
431,3 / 627	357,5 / 513	296 / 418	244 / 337	199,4 / 268,1	161,1 / 208,9	127,1 / 156,2	97,39 / 110,2	70,97 / 69,3	47,36 / 32,8	26,12 / —	} 110°
436,4 / 626,8	362,1 / 512,5	300,2 / 417,3	247,9 / 336,9	203 / 268	164,5 / 208,8	130,2 / 156,1	100,3 / 110,1	73,67 / 69,3	49,89 / 32,8	28,5 / —	} 120°
441,7 / 626,8	366,9 / 512,5	304,6 / 417,4	251,8 / 336,9	206,7 / 268	167,9 / 208,8	133,4 / 156,2	103,2 / 110,2	76,40 / 69,3	52,43 / 32,8	30,87 / —	} 130°
446,8 / 626,1	371,5 / 512	308,8 / 417	255,7 / 336,7	210,3 / 267,8	171,1 / 208,7	136,4 / 156,1	106,1 / 110,1	78,97 / 69,1	54,95 / 32,8	33,25 / —	} 140°
452,1 / 626	376,3 / 511,9	313,1 / 417	259,7 / 336,6	213,9 / 267,8	174,5 / 208,7	139,5 / 156,1	109 / 110,4	81,80 / 69,3	57,48 / 32,8	35,62 / —	} 150°

Anlage B.

Zahlentafel X. Raumeinnahme von 1 kg des Anteils an reiner Luft in Gemischen, welche bei 760 mm Barometerstand mit Feuchtigkeit gesättigt sind zu:

Temp.	100%	95%	90%	85%	80%	75%	70%	65%	60%	55%	50%	45%	40%	35%	30%	25%	20%	15%	10%	5%	0%	Temp.
−15°	0,732	0,732	0,732	0,732	0,732	0,732	0,732	0,732	0,732	0,731	0,731	0,731	0,731	0,731	0,731	0,731	0,731	0,731	0,731	0,731	0,731	−15°
−10°	0,747	0,747	0,747	0,747	0,747	0,747	0,746	0,746	0,746	0,746	0,746	0,746	0,746	0,745	0,745	0,745	0,745	0,745	0,745	0,745	0,745	−10°
−5°	0,763	0,763	0,763	0,762	0,762	0,762	0,762	0,762	0,761	0,761	0,761	0,761	0,761	0,761	0,760	0,760	0,760	0,759	0,759	0,759	0,759	−5°
0°	0,778	0,778	0,778	0,778	0,777	0,777	0,777	0,777	0,777	0,776	0,776	0,776	0,775	0,775	0,775	0,775	0,774	0,774	0,774	0,773	0,773	0°
5°	0,795	0,794	0,794	0,794	0,793	0,793	0,793	0,792	0,792	0,792	0,791	0,791	0,791	0,790	0,790	0,790	0,789	0,789	0,788	0,787	0,787	5°
10°	0,812	0,811	0,811	0,810	0,810	0,809	0,809	0,808	0,808	0,807	0,807	0,806	0,806	0,805	0,805	0,804	0,804	0,803	0,803	0,802	0,801	10°
15°	0,830	0,830	0,829	0,829	0,828	0,827	0,826	0,825	0,825	0,824	0,823	0,822	0,823	0,821	0,820	0,819	0,819	0,818	0,818	0,817	0,816	15°
20°	0,850	0,849	0,848	0,847	0,846	0,845	0,844	0,843	0,842	0,841	0,840	0,839	0,839	0,837	0,836	0,835	0,834	0,834	0,832	0,831	0,830	20°
25°	0,872	0,870	0,869	0,867	0,866	0,865	0,863	0,862	0,860	0,859	0,858	0,857	0,856	0,855	0,853	0,852	0,850	0,849	0,847	0,846	0,844	25°
30°	0,896	0,894	0,892	0,890	0,888	0,886	0,885	0,883	0,881	0,879	0,877	0,875	0,875	0,873	0,870	0,868	0,866	0,864	0,862	0,860	0,858	30°
35°	0,924	0,921	0,918	0,916	0,913	0,910	0,908	0,905	0,903	0,900	0,897	0,892	0,892	0,890	0,887	0,885	0,882	0,880	0,877	0,875	0,873	35°
40°	0,957	0,953	0,949	0,946	0,942	0,938	0,935	0,931	0,928	0,924	0,921	0,917	0,914	0,911	0,907	0,904	0,900	0,897	0,894	0,890	0,886	40°
45°	0,995	0,990	0,985	0,980	0,975	0,970	0,965	0,960	0,955	0,950	0,946	0,941	0,937	0,932	0,928	0,923	0,919	0,914	0,910	0,905	0,901	45°
50°	1,042	1,034	1,027	1,021	1,014	1,007	1,000	0,994	0,987	0,981	0,974	0,968	0,962	0,956	0,950	0,944	0,938	0,932	0,928	0,921	0,915	50°
55°	1,101	1,091	1,081	1,071	1,062	1,052	1,043	1,034	1,025	1,017	1,008	1,000	0,991	0,983	0,975	0,968	0,960	0,952	0,944	0,937	0,929	55°
60°	1,174	1,160	1,146	1,133	1,120	1,107	1,094	1,082	1,070	1,059	1,046	1,035	1,024	1,013	1,003	0,993	0,983	0,973	0,963	0,953	0,943	60°
65°	1,271	1,251	1,231	1,212	1,193	1,175	1,158	1,142	1,124	1,108	1,092	1,077	1,062	1,048	1,034	1,021	1,008	0,995	0,982	0,970	0,958	65°
70°	1,404	1,373	1,344	1,316	1,290	1,264	1,239	1,215	1,192	1,170	1,149	1,129	1,109	1,090	1,071	1,053	1,036	1,019	1,003	0,988	0,971	70°
75°	1,592	1,544	1,500	1,458	1,418	1,380	1,344	1,310	1,278	1,247	1,218	1,190	1,163	1,138	1,113	1,090	1,068	1,046	1,025	1,006	0,986	75°
80°	1,877	1,799	1,726	1,659	1,597	1,539	1,487	1,436	1,390	1,346	1,305	1,267	1,230	1,196	1,163	1,131	1,103	1,076	1,049	1,024	1,000	80°
85°	2,363	2,215	2,085	1,970	1,867	1,773	1,689	1,613	1,543	1,479	1,420	1,365	1,315	1,268	1,224	1,186	1,146	1,103	1,076	1,045	1,014	85°
90°	3,339	3,002	2,727	2,498	2,304	2,139	1,995	1,870	1,759	1,661	1,573	1,494	1,423	1,358	1,298	1,244	1,194	1,148	1,110	1,066	1,029	90°
95°	6,291	5,026	4,185	3,585	3,135	2,786	2,507	2,283	2,088	1,927	1,789	1,670	1,565	1,473	1,391	1,318	1,244	1,192	1,148	1,088	1,043	95°
100°	—	21,150	10,580	7,050	5,288	4,230	3,525	3,022	2,638	2,350	2,115	1,923	1,763	1,627	1,511	1,410	1,318	1,252	1,192	1,118	1,056	100°
110°	—	21,709	10,855	7,236	5,427	4,342	3,618	3,101	2,714	2,412	2,171	1,974	1,809	1,670	1,551	1,447	1,357	1,277	1,206	1,143	1,085	110°
120°	—	22,275	11,137	7,425	5,569	4,455	3,712	3,182	2,784	2,475	2,227	2,025	1,856	1,713	1,591	1,485	1,392	1,322	1,244	1,173	1,114	120°
130°	—	22,855	11,427	7,618	5,713	4,571	3,809	3,265	2,857	2,539	2,285	2,078	1,905	1,758	1,632	1,524	1,428	1,344	1,270	1,203	1,142	130°
140°	—	23,412	11,706	7,804	5,853	4,682	3,902	3,345	2,926	2,601	2,341	2,128	1,951	1,801	1,672	1,561	1,463	1,377	1,301	1,232	1,170	140°
150°	—	23,985	11,992	7,995	5,996	4,797	3,997	3,426	2,998	2,665	2,398	2,180	1,999	1,845	1,713	1,599	1,499	1,411	1,332	1,262	1,198	150°

Anlage C.

Berechnung des Bedarfs einer Kastendarre an Wärme und Wind zur Verdunstung von 100 kg Wasser aus feuchten Produkten, wenn die Heizung durch Niederdruckdampf von 100—105⁰ erfolgt und die Trockenluft dadurch auf 70⁰ im Sommer, auf 60⁰ im Winter gebracht wird.

Die in der Berechnung vorkommenden Wärmewerte und Wassergehalte der Luft bei verschiedenen Zuständen sind der Zahlentafel IX, Anlage A, entnommen, wogegen Zahlentafel X, Anlage B, die Raumeinnahme der Luft für dieselben Zustände enthält.

Die Berechnungen sind für Winter-, Sommer- und dazwischenliegende Verhältnisse durchgeführt.

	—10⁰/voll	+5⁰/voll	+25⁰/60%
Temp. u. Sättig. d. Außenluft betrage	—10⁰/voll	+5⁰/voll	+25⁰/60%
Sie hat dann einen Wärmewert pro kg	—1,44	4,42	13,15 WE
und einen Wassergehalt pro kg	1,58	5,4	12 g
Sie werde erwärmt auf .	60⁰	65⁰	70⁰
Dadurch erhöht sich ihr Wärmewert um	16,62	14,25	10,69 WE
Derselbe steigt somit auf	15,18	18,67	23,84 WE p. kg
Bei diesem Wärmewert und 85% Sättigung enthält die Luft b. Abzug an Wasser	15,9	19,5	26 g
Ihre Temperatur sinkt dabei auf ca.	25⁰	28⁰	32⁰
Gegen Schluß steigt sie bis ca.	35⁰	42⁰	48⁰
Im Mittel zieht sie ab mit ca.	30⁰	35⁰	40⁰
Dabei enthält sie an Wasser	13,2	16,7	23,2 g
Die mittlere Aufnahme beträgt somit		11,3 g Wasser pro kg Luft	
Für 100 kg Wasser werden daher benötigt ca.		9000 kg Luft	
Die Erwärmung dieser Luft erfordert	150 000	118 000	96 000 WE
Für Abkühlungsverluste usw. seien veranschlagt ...	10 000	7000	4 000 »
Der Gesamtbedarf wird damit rund	160 000	125 000	100 000 WE.

Hierbei, wie bei allen folgenden Berechnungen wurde die Erwärmung des Trockenguts selbst und seiner Aufnahmebehälter nicht berücksichtigt; auch sind Verluste durch Undichtigkeiten usw. außer acht gelassen; für beides müssen entsprechende Zuschläge gemacht werden.

Anlage D.

Berechnung des Bedarfs an Wärme und Wind für eine geschlossene Darre mit Zwischenerwärmung (Stufentrocknung) unter den gleichen Verhältnissen, die der Berechnung der offenen Darre zugrunde lagen.

Temp. u. Sättig. d. Außenluft sei wieder	—10°/voll	+5°/voll	+25°/60%
Die Wärme der Trockenluft war durch die erste Heizung gebracht auf . .	15,18	18,67	23,84 WE p. kg
Beim zweiten Mal sollen ihr zugeführt werden, um sie wieder um 25% höher zu bringen	5,94	5,94	5,94 WE p. kg
Die Trockenluft enthält alsdann	21,12	24,61	29,78 WE p. kg
Beim Abzug mit 85% Sättigung stellt sich dann Anfangstemp. u. Wassergehalt auf ca.	30°/22,9 g	33°/27,8 g	36°/33,8 g
Temperatur am Schluß ca.	40°	43°	48°
Im Mittel also	35°	38°	42°
Dabei beträgt der Wassergehalt	21,2	25	31,2 g
Derselbe stellte sich vor Betreten des Trockners auf	1,6	5,4	12 g
Die Wasseraufnahme wird daher	19,6	19,6	19,2 g
Für 100 kg sind somit nötig im Mittel		5200 kg Luft	
Die Erwärmung der Luft erfordert pro kg . . .	16,62+5,94	14,25+5,94	10,69+5,94 WE

und pro 100 kg Wasser, bzw.

5200 kg Luft	117 000	105 000	86 000 WE
Dazu für Abkühlungsver-			
luste ca.	10 000	7 000	4 000 »
Insgesamt	127 000	112 000	90 000 WE.

Auf derselben Fläche, auf welcher vorhin durch 9000 kg Luft 100 kg Wasser verdunstet wurden, ist dies jetzt schon durch 5200 kg möglich, und würden sich demnach $\frac{90}{52} \cdot 100$ = 173 kg, bzw. das 1,73 fache der Leistung einer offenen Darre erzielen lassen, wenn der Wind bei der geschlossenen Bauart nicht zweimal durch die Horden müßte. Die Leistung stellt sich demnach bei gleicher Darrfläche auf das 0,86 fache der Leistung der offenen Darre.

Anlage E.

Berechnung des Bedarfs an Wärme und Wind zur Verdunstung von 100 kg Wasser für alle ununterbrochen arbeitenden Trockner, welchen der auf 70° erwärmte Wind auf einer Seite zugeführt wird, um sie an der entgegengesetzten, zu 75% mit Feuchtigkeit gesättigt, wieder zu verlassen, ohne Rücksicht darauf, ob der Wind das Trockengut im Gleich-, oder im Gegenstrom bestreicht.

Temp. u. Sätt. d. Außen-			
luft wie bisher	—10°/voll	+5°/voll	+25°/60%
Wärmewert und Wasser-			
gehalt	—1,44/1,6	4,42/5,4	13,15/12
Sie werde erwärmt auf .	60°	65°	70°
Der Wärmebedarf dafür be-			
trägt	16,62	14,25	10,62 WE p. kg
Es erhöht sich ihr Wärme-			
wert also auf	15,18	18,67	23,84 WE p. kg
Bei diesem Wärmewert und			
75% Sättg. fällt die Tem-			
peratur der Luft auf ca.	26°	29°	34°
Sie enthält an Wasser . .	15,2	19,4	25,9 g p. kg
Sie hat also davon aufge-			
nommen	13,6	14	13,9 g p. kg

Im Mittel etwa			13,8 g pro kg Luft
Zur Aufnahme von 100 kg Wasser sind somit erforderlich ca.			7250 kg Luft
Zur Erwärmung dieser Luft werden benötigt . . .	120 500	103 300	77 500 WE
Dazu für Abkühlung. . .	9 500	6 700	4 500 »
Insgesamt	130 000	110 000	82 000 WE.

Anlage F.

Berechnung von Simplexschachttrocknern mit einmaliger Zwischenerwärmung, Bauart Schilde.

Wenn bei einem nach Anlage E berechneten Gegenstromtrockner die Luft im Trockner selbst nochmals erwärmt wird, und zwar um 25°, so erhöht sich dadurch der durch die erste Erwärmung erlangte Wärmewert der Luft =

	15,18	18,67	23,84 WE p. kg
den 25° entsprechend, um	5,94	5,94	5,94 WE p. kg
also auf	21,12	24,61	29,78 WE p. kg
was bei 75% Satt. einem Wassergehalt gleichkommt von	22,30	26,70	33,60 g p. kg
Derselbe hat sich mithin im Trockner erhöht um . .	20,70	21,30	21,60 g p. kg
Für 100 kg H_2O sind daher nötig	4830	4700	6420 kg Luft
und an Wärme	109 000	95 000	76 800 WE
dazu für Abkühlung[1]) . .	10 000	7 000	4 200 »
Insgesamt	119 000	102 000	81 000 WE.

Die Leistung aller Darren hängt weiter ab von dem Gewicht der hindurchgeleiteten Luft, wofür bei den gelochten und mit Matten belegten Böden der Kastendarren 10,4 kg pro qm und Min. bzw. 624 kg Luft pro Std. und qm gesetzt werden können. Durch Siebgeflechte dagegen, wie sie bei Horden angewendet zu werden pflegen, lassen sich allenfalls

---

[1]) Hierbei sind die großen Undichtigkeitsverluste ganz außer Acht gelassen.

bis zu 1600 kg pro qm und Std. treiben, obgleich in dem Schildeschen Schacht 10 Horden mit dem darauf geschichteten Trockengut und 2 Heizkammern zu durchströmen sind, was einen um so höheren Widerstand hervorruft, je größer die Geschwindigkeit gewählt wird.

Hat jede Hordenfläche eine Größe von 6 qm, so stellt sich das durch sie hindurchgeblasene Luftgewicht auf 9600 kg, womit sich durch den Trockner stündlich $\frac{9600}{4700} \cdot 100 = \infty$ 200 kg Wasser aus 250 kg nassem Kohl treiben lassen. Bei 40 mm hoher Schichtung auf jeder Horde enthält der Apparat bis zu $6 \cdot 0,4 \cdot 325 = 780$ kg, und die Durchsetzzeit stellt sich auf $\frac{780}{250}$ = reichlich 3 Std. Dipl.-Ingenieur A. Scherhag gibt zwar für die mit 130 kg 70 mm hoch beschickten Horden nur 2½ Std. an (Trockenindustrie 1917, S. 59), doch muß es sich dabei schon um ein sehr leichtes und wenig Feuchtigkeit enthaltendes Gemüse handeln.

Anlage G.

Berechnung von Gurt- oder Bandtrocknern mit Umwälzung der Trockenluft oder mit Trockenzonen (Wanderdarren).

Die Berechnung sei wieder für 100 kg stündliche Wasserverdunstung durch Luft von höchstens 70°, unter sonst gleichen Bedingungen wie bisher, durchgeführt.

Außenluft von	—10°/voll	+5°/voll	+25°/voll
hat einen Wärmewert-			
Wassergehalt	—1,44/1,6	4,42/5,4	13,15/12 WE/g
Beim Abzug habe sie eine			
Temperatur	45°	50°	55°
und eine Sättigung . . .	80%	80%	80%
Dann beträgt ihr Wärme-			
wert	41,91	53,34	67,86 WE
und ihr Wassergehalt . .	50,7	67	88,4 g

Mithin beträgt der Zuwachs
im Trockner:

pro kg Luft an Wärme .	43,35	48,92	54,71 WE
pro kg Luft an Feuchtig-keit	49,1	61,6	76,4 g
Für 100 kg Wasserentziehg. sind also nötig	2040	1620	1310 kg Luft
und ca.	89 200	79 250	71 670 WE
dazu für Abkühlung wie bisher	9 800	6 750	4 330 „
Zusammen	99 000	86 000	76 000 WE.

Die Ermittlung des umzuwälzenden Luftgewichts wird am besten im Zusammenhang mit der Festsetzung der Abmessungen des Trockners vorgenommen, und fassen wir deshalb dafür ins Auge 2 hintereinander geschaltete Gurte à 10 m Länge von Mitte zu Mitte Trommel, bei 1,6 m Breite, für eine stündliche Leistung von 200 kg Wasserverdunstung.

Die Gurte haben zusammen eine nutzbare Oberfläche von ca. 28 qm, von welchen ca. 9 qm als frei für den Durchtritt der Luft angesehen werden können. Wählen wir deren Geschwindigkeit, in Anbetracht, daß auch Getreide, Schnitzel u. dgl. zur Verarbeitung kommen können, nicht größer, als bei den Rosten der Kesselfeuerungen üblich, nämlich 1 m pro Sek., so lassen sich umwälzen 9 cbm pro Sek. = 32 400 cbm oder ca. 33 600 kg pro Std., was einer Beanspruchung von $\frac{33\,600}{28} = 1200$ kg Wind pro qm Gurtfläche entspricht.

Für 200 kg Wasserverdunstung müssen durch diese 33 600 kg an Wärme aufgebracht werden können ca.:

	198 000	172 000	152 000 WE
oder pro kg	5,89	5,12	4,46 „
entsprechend einer Temp.-Änderung von ca. . . .	25⁰	21⁰	18⁰

Während der Umwälzung der 33 600 kg muß jedoch ein Teil davon gegen ein gleich großes Gewicht an Frischluft ausgewechselt werden; für 200 kg Wasserverdunstung beträgt dasselbe: 4080   3240   2620 kg Luft

Das abgeführte Gewicht
enthält an Wärme . . $4080 \cdot 41{,}91$ $3240 \cdot 53{,}34$ $2620 \cdot 67{,}86\,\text{WE}$
        an Wasser . . $4080 \cdot 50{,}7$ $3240 \cdot 67$ $2620 \cdot 88{,}4$ g
Das zugeführte Gewicht
enthält: an Wärme . . $4080 \cdot 1{,}44$ $3240 \cdot 4{,}42$ $2620 \cdot 13{,}15\,\text{WE}$
        an Wasser . . $4080 \cdot 1{,}6$ $3240 \cdot 5{,}4$ $2620 \cdot 12$ g

Wird jetzt das auszuwechselnde Gewicht bezeichnet mit A, der Wärmewert der umgewälzten Luft v o r der Abführung des auszuwechselnden Teils mit . . . . W_v
derselbe n a c h der Abführung des auszuwechselnden Teils mit . . . . W_n
der Wärmewert der zugemischten Frischluft mit . . . W_f
und das Gewicht der ausgewechselten Luft mit . . . . G_a
dann ist

$$W_n = \frac{W_v \cdot 33\,600 - [G_a\,(W_v - W_f)]}{33\,600}$$

Setzt man anstatt der Wärmewerte die entsprechenden Wasserwerte, so ergeben sich die Wassergehalte der umgewälzten Luft n a c h der Abführung des ausgewechselten Teils.

Auf diese Weise wurden die folgenden Werte erhalten:
In den umlaufenden
$33\,600$ kg Luft verbleiben
nach vollzogener Aus-
wechslung . . . . . . $36{,}6/44{,}7$ $48{,}6/61$ $63{,}6/82{,}4$ WE/g
Die Temperatur der Mi-
schung ist somit gefallen
auf ca. . . . . 40^0 45^0 49^0
Sie erhöht sich in der Heiz-
kammer um . . . . . 25^0 21^0 18^0
und betritt den Trockenraum
von neuem mit ca. . . 65^0 66^0 67^0

Hierzu kommt noch eine geringe Erhöhung zur Deckung der Abkühlungsverluste.
Die Sättigung der Mischung war vor der neuen Erwärmung gestiegen auf ca. 90% 95% 99%
Sie hatte also, ebenso wie die Temperatur n a c h der Erwärmung die zulässige Grenze fast überschritten.
200 kg Wasserentziehung entsprechen ca. 250 kg Gemüse (Kohlsorten) und nehmen einen Raum ein von $\dfrac{250}{325} = 0{,}77$ cbm,

während die Bänder bei 60 mm hoher Beschickung 28 · 0,06 = 1,68 cbm aufzunehmen vermögen; die Durchsetzdauer der Ware stellt sich damit auf $\frac{1,68}{0,77} = 2,2$ Std. oder etwa 130 Min. Niedriger als 60 mm möchte die anfängliche Beschickungshöhe nicht vorgesehen werden, damit der Wind auch wirklich genügende Gelegenheit findet, sich beim Durchströmen des Trockenguts um 25°—21°—18° abzukühlen.

Anlage H.

Berechnung eines Tunneltrockners nach dem Zonensystem des Verfassers für 400 kg stündliche Wasserverdunstung durch Dampf von 100—105°.

Die Aufstellung sei zunächst gemacht für 100 kg Wasserverdunstung wie bisher und für eine Abzugstemperatur von 58° bei 75% Sättigung der Luft, welche vor dem Eintritt selbsttätig auf 20° vorgewärmt werde.

Temp. u. Sättig. d. Außenluft	—10°/voll	+5°/voll	+25°/60%
Wärmewert/Wassergehalt der Außenluft	—1,44/1,6	4,42/5,4	13,15/12
Die Vorwärmung auf 20° erfordert	7,12	3,56	— WE
Dadurch steigt der Wärmewert der Luft auf . . .	5,68	7,98	13,15 WE p. kg
Beim Abzug enthält sie an Wärme		77,95 WE pro kg	
und Wasser nach Tab. IX		102,7 g Wasser	
Der Zuwachs im Trockner beträgt demnach:			
an Wärme pro kg Luft	72,27	69,97	64,80 WE
an Wasser pro kg Luft	101,1	97,3	90,7 g
Mithin sind für 100 kg Wasser nötig:			
an Luft	989	1028	1102 kg
an Wärme	71470	71930	71410 WE
Dazu für Vorwärmung ca.	7030	3570	— »
und für Abkühlung usw.	9500	6500	3590 »
Zusammen ca.	88000	82000	75000 WE

Um nun stündlich 400 kg Wasser verdunsten zu können, müssen sich im Trockner selbst bis zu 320 000 WE und für die Vorwärmung bis zu ca. 30 000 WE stündlich übertragen lassen; hierfür stehen 10 Heizstellen zur Verfügung, an denen ihr pro kg 72,27—69,97—64,80 WE zuzuführen sind, im Mittel bei etwa 5° Außentemperatur also 70 WE oder pro Heizstelle 7 WE, wenn die Luft nur 1mal an ihr vorübergeführt würde, wie es bei reiner Stufentrocknung zu geschehen hätte. (Der Wärmebedarf ist in Wirklichkeit etwas größer, nämlich $\frac{82\,000-3570}{1028} =$ ca. 7,7 WE im Mittel, da ja auch die Abkühlungsverluste durch ihn gedeckt werden sollen.) Die Übertragung ist übrigens nicht an jeder Heizstelle gleich groß, da die Luft mit wesentlich geringerer Temperatur durch die erste streicht, als durch die letzte.

Der Vorgang ist dargestellt in Fig. 18, Anlage J.

Da nun aber 7—8 WE Temperaturänderungen von 30—35° auf einer Trockenstrecke bedeuten würden, wogegen wir nur etwa 12° = 2,8 WE zulassen möchten, so müssen wir durch jede Heizstelle (und also auch durch jedes der 5 Gebläse) stündlich $\frac{32\,000}{2,8} = 11\,400$ kg oder rund 11 000 cbm umwälzen, was einer Leistung von etwa 3,1 cbm pro Sek. gegen einen Widerstand von höchstens 5 mm WS gleichkommt.

Die Anzahl der Erwärmungen, welche die eingeführte Frischluft erfährt, erhöht sich durch dies Verfahren auf ungefähr $\frac{70}{2,8} = 25$, und ändert sich der Vorgang somit in den durch Fig. 19 wiedergegebenen.

Die Stufenhöhe, bzw. die Höhe der Temperaturänderungen in jeder Stufe richtet sich also ganz nach der Menge der umgewälzten Luft, welche so gewählt werden muß, daß sie sich den verschiedenen zu durchlaufenden Querschnitten, sowie der Wasserabgabefähigkeit des Trockenguts tunlichst anpaßt.

500 kg Gemüse mit rund 400 kg zu entziehendem Wasser nehmen naß einen Raum ein von 1,54 cbm, wo-

gegen 20 Wagen mit je 8 Horden, die nur 0,025 m hoch beschickt werden, aufzunehmen vermögen bei 1,5 qm Hordenfläche: $20,8 \cdot 0,025 \cdot 1,5 = 6$ cbm und bei nur 1 qm Hordenfläche 4 cbm.

Bei Verwendung der größeren Hordenwagen kann das Trockengut $\dfrac{6}{1,54}$ = nahezu 4 Std. im Trockner bleiben, und es ist nach je $\dfrac{4,60}{20}$ = 12 Min. ein Wagen auszuwechseln. Für die kleineren Hordenwagen ermäßigt sich die Durchsetzzeit auf 2 Std. 40 Min. und die Wagenfolge auf 8 Min.

Für die halbe Leistung kann der Trockner eingeleisig, für die 1½ fache dreigeleisig angelegt werden, ohne sonst etwas zu ändern, als die Zu- und Abführungskanäle für die Luft. Für noch größere Leistungen wird sich eine Vermehrung der Zonen empfehlen.

Anlage J.

Zeichnerische Darstellung der Trockenvorgänge.

Da sich die Wechselwirkung zwischen Wärmewert in WE und Feuchtigkeitsgehalt in g (Wasserwert) pro kg des Anteils an trockener Luft in Dampfluftgemischen (feuchter Luft) bei graphischer Darstellung oft leichter verstehen läßt, sei dieselbe an Hand der nachstehenden Figuren hier nochmals vorgeführt.

Werden auf der Abszissenachse eines Koordinatensystems Temperaturen von 0 bis etwa 80° in Abständen von 5 zu 5° abgetragen und auf den daselbst errichteten Ordinaten diejenigen Wärmewerte vermerkt, welche trockene Luft und vollständig mit Feuchtigkeit gesättigte Luft nach Ausweis der in Zahlentafel IX zusammengestellten Werte enthält, so ergibt die Verbindung der Punkte für trockene Luft eine gerade und diejenige für ganz feuchte Luft eine stark gekrümmte ansteigende Linie. Zwischen beiden lassen sich weitere Kurven für teilweise Sättigung entwickeln. Die Werte der Zahlentafel IX sind einfache Rechnungsergebnisse[1]).

Haben wir nun trockene Luft von 5⁰, so wird deren Zustand durch den Punkt a gekennzeichnet als trocken und von einem Wärmewert = 1,19 WE, für trockene Luft von 65⁰ dagegen finden wir einen Wärmewert = 15,44 WE und für alle dazwischen liegenden Temperaturen trockener Luft solche Werte, welche auf der geraden Linie a—b liegen, da sie dem Wert $t \cdot c_p = 0,2375$ t entsprechen müssen. Die Erwärmung eines Kilogramms trockener Luft von 5 auf 65⁰ läßt sich demnach damit vergleichen, daß wir in Fig. 17 mit einem Stift von a nach b fahren. War die Luft nicht trocken, sondern vollkommen gesättigt, so beginnen wir unsere Ausfahrt in c und wandern parallel zu a—b nach d, da die Wärmeaufnahme der der Luft jetzt beigemengten Feuchtigkeit so geringfügig ist, daß sie vernachlässigt werden darf. Der Wärmewert hat sich gehoben von anfänglich 4,42 WE auf 18,67 WE. Wird die Luft jetzt durch einen Trockenraum über feuchte Ware geleitet, so verliert sie an Temperatur und nimmt dafür Wasserdunst auf, mit dem zusammen sie sich in den erlangten Wärmewert teilt, da ihr keine neue Wärme zugeführt ist. In der Kurventafel läßt sich der Vorgang veranschaulichen durch Ziehung der horizontalen Linie aus dem Punkt d nach links bis zum Schnittpunkt mit derjenigen Kurve, welche der Sättigung oder der Temperatur entspricht, mit welcher die Luft zum Abzug gelangt. Lassen wir sie mit 35⁰ entweichen, so wäre sie nahezu zu 50% gesättigt, und der Linienzug c—d—e stellt das Bild des durch die erwärmte Luft herbeigeführten Trockenvorgangs dar durch eine nach rechts ansteigende Linie infolge Temperaturzunahme und wachsendem Wärmewert in der Heizkammer und eine sich anschließende horizontale Linie nach links infolge unverändert bleibenden Wärmewerts bei wachsendem Feuchtigkeitsgehalt und fallender Temperatur.

Der Unterschied ihrer Wärmewerte beim Eintritt und beim Abzug der Luft gibt ihren Wärmeverbrauch in WE

---

[1]) Vgl. T. u. T. II. S. 28 u. f. sowie S. 188 u. f.

und der ihrer Wasserwerte oder -gehalte ihre Feuchtigkeits-
aufnahme in g an; die ersteren können der Figur oder der
Zahlentafel IX, die letzteren nur der Zahlentafel entnommen
werden.

Der Linienzug nach c—d—e gibt den Vorgang wieder
auf einer periodisch arbeitenden Kastendarre gemäß Anlage C.
und mit der punktierten Verlängerung f—g—h den in einem

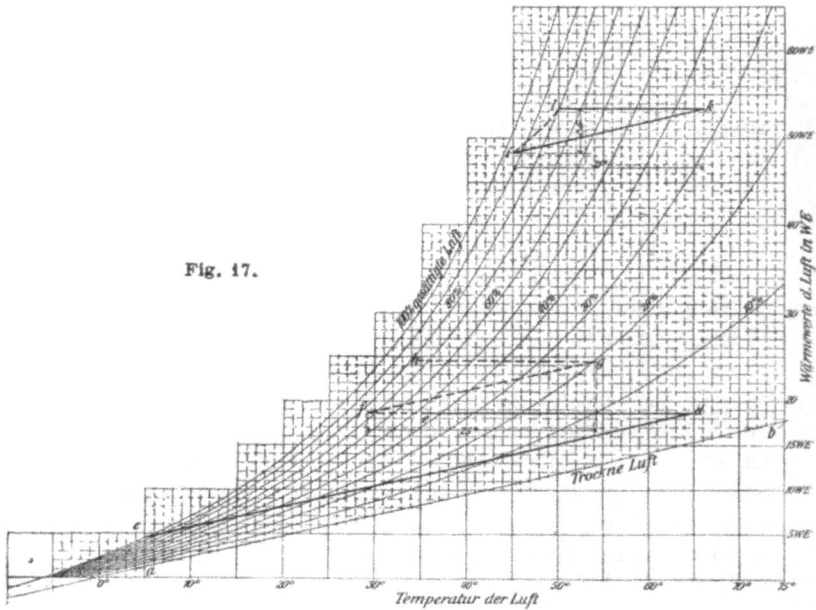

Fig. 17.

Schildeschen Simplextrockner mit einmaliger Zwischenerwärmung, entsprechend Anlage F.

Das Dreieck i—k—l in Fig. 17 zeigt den sich bei jeder
Umwälzung abwickelnden Vorgang auf einem Bandtrockner
gemäß Anlage G. und läßt deutlich den Unterschied in der
Größe zwischen der jedesmaligen Erwärmung und Wieder-
abkühlung erkennen; auf der punktierten Strecke l—i vollzieht sich die Entlassung der verbrauchten und die Zumischung

der neuen frischen Luft. Durch die Fig. 18 und 19 möge schließlich noch der Unterschied zwischen Stufen- und Zonentrocknung klargestellt werden.

Würden bei dem auf Anlage H. berechneten, durch die
Fig. 14—16 wiedergegebenen Zonentrockner die 320000 WE
nur durch die erforderlichen ca. 4 · 1000 = 4000 kg Frisch-

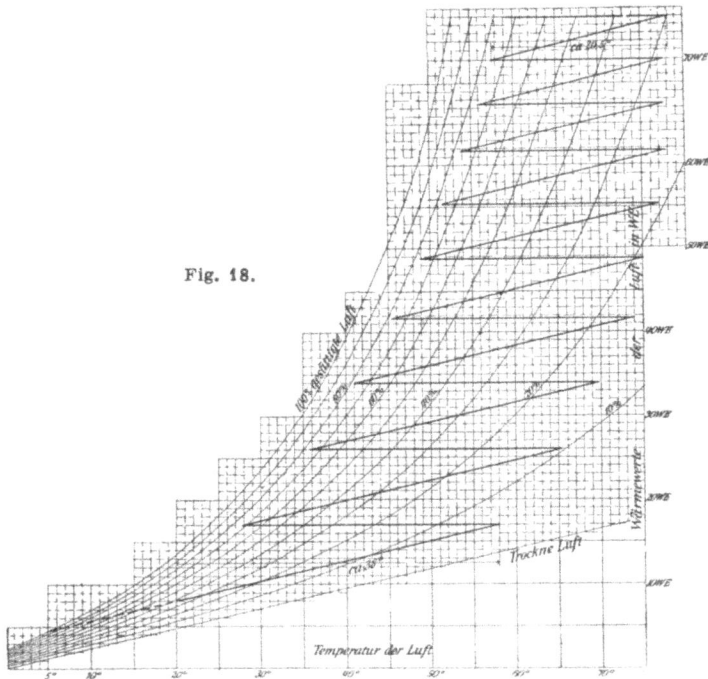

Fig. 18.

luft aufgebracht werden müssen, indem wir diese Menge durch
sämtliche 10 Heizstellen hintereinander trieben, dann käme
auf jede derselben eine zuzuführende Wärmemenge von $\dfrac{32000}{4000}$
= 8 WE pro kg Luft, so daß die Temperaturunterschiede
zwischen Betreten und Verlassen der Heizräume und der
Trockenstrecken nach Fig. 18 eine praktisch gar nicht oder

schlecht erreichbare Höhe erhielten, wogegen die hindurch-
zutreibende Luftmenge sich kaum gleichmäßig über die zu
bestreichende Fläche verteilen ließe.

Beide Übelstände lassen sich durch Umwälzung eines
Vielfachen der wirklich zu ersetzenden Luftmenge vermeiden,
wie aus Fig. 19 hervorgeht, welche den tatsächlich hervor-

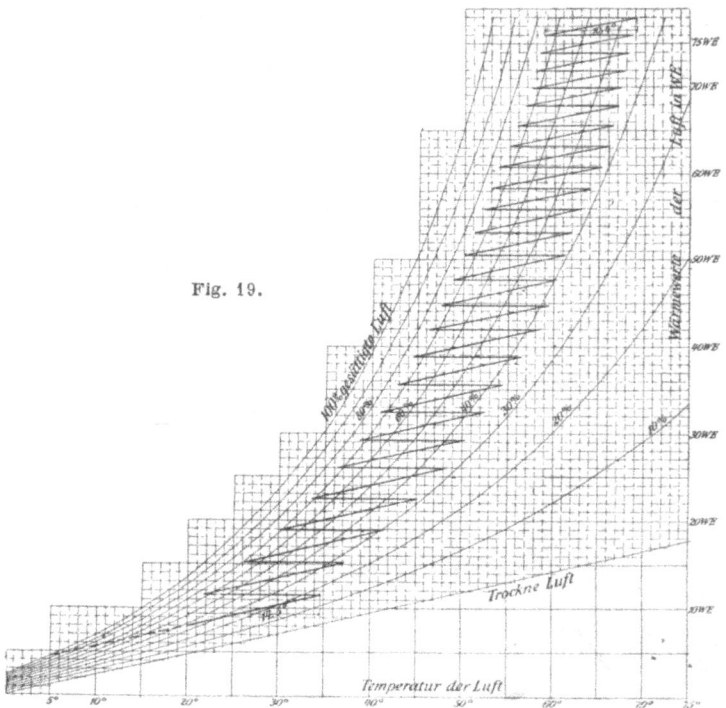

Fig. 19.

gerufenen Vorgang wiedergibt, der durch die auf Anlage H.
berechnete Zonentrocknung bewirkt wird.

Die graphische Darstellung läßt leicht erkennen, daß es
für den Verbrauch eines Trockenverfahrens an Wärme und
Wind nur ankommt auf den Unterschied des Wärme- und
Wassergehalts der Außen- und der Abluft, bzw. wenn stets

der gleiche Zustand der Außenluft zugrunde gelegt wird, lediglich auf Wärmewert und Wassergehalt der Abluft.

Ob deren Beschaffenheit in 10 oder 20 Stufen oder Zonen, oder nur in einer einzigen erreicht wird, ändert an dem Verbrauch nichts, doch wird bei der praktischen Durchführung das Trockengut und der Trockenapparat um so weniger angegriffen und um so gleichmäßiger behandelt, je größer die Zahl der angewandten Stufen ist.

Anlage

Zusammenstellung der Erfordernisse verschiedener Systeme, um
Kohl aufzutrocknen mit Hilfe von Luft,

1.	2.	3.	4.	5.
Bezeichnung des Trockners	Erforderliche Bodenfläche ohne Umgangsraum in qm	Wärmebedarf in WE pro Std. ca.	Benötigte Luftmenge in kg pro Std. ca.	Stündlich pro qm Hordenfl. durchgeleitetes Luftgewicht in kg
		bei 5° Außentemperatur		
C. Offene Kastendarre. .	ca. 36	250 000	18 000	ca. 620
C₁. Geschlossene Topfsche Gutsdarre	ca. 72	250 000	18 000	ca. 620
D. Geschlossene Darre mit Zwischenerwärmung. .	ca. 40	224 000	10 400	ca. 620
E. Gegenstromtrocknung mit vorgewärmter Luft, als Tunnel- oder Bandtrockner	—	220 000	14 500	—
F. Simplex-Trockner . .	ca. 14	204 000	9 600	ca. 1600
G. Bandtrockner mit Umwälzung oder Trockenzonen	ca. 50	170 000	3 300	ca. 1200
H. Tunneltrockner nach dem Zonensystem des Verfassers	ca. 42	160 000	2 100	—

　　　Die auf ganz gleicher Grundlage ermittelten Zahlen der Zusammenstellung sollen in erster Linie einen Vergleich der verschiedenen Systeme ermöglichen und weichen sie oft erheblich von
den in Zeitschriften und Prospekten veröffentlichten ab, da dieselben ohne Ausnahme unvollständig und deshalb völlig wertlos sind.
　　　So bietet es beispielsweise keine Schwierigkeiten, größere
Mengen Naßgut auf der Expreßdarre zu verarbeiten, wenn es

K.

durch Dampf von 100—105⁰ stündlich 200 kg Wasser aus 250 kg
die nicht über 70⁰ erwärmt worden ist.

6.	7.	8.	9.	10.
Stündlich in Umlauf erhaltenes Luftgewicht in kg	Kraftbedarf in PS	Mittlere Abzugstemperatur der Trockenluft in ⁰ C	Verarbeitetes Naßgut mit 80 % Wasserentziehung in kg pro 24 Std.tägl.	Bemerkungen
—	10—11	35⁰	5000	
—	10—11	35⁰	5000	
—	6—7	38⁰	5000	
14 500	5—6	29⁰	6000	Ununterbrochener Betrieb. Heißes Trockengut.
—	16—18	34⁰	6000	Desgl. Hordengröße 6 qm. Das Trockengut tritt heiß zutage. Unberechenbare Verluste beim Auswechseln der Horden.
33 600	8—9	50⁰	6000	Ununterbrochener Betrieb. Heißes Trockengut.
57 000	4—5	58⁰	6000	Ununterbrochener Betrieb. Das Trockengut tritt abgekühlt zutage. Der Kraftverbrauch bleibt derselbe bis zur 3 fachen Leistung.

weniger Feuchtigkeit enthält, oder wenn es mit wesentlich heißerem
Wind behandelt wird, als angenommen. Unter denselben veränderten
Verhältnissen, und bei Anwendung größerer Luftmengen steigert sich
auch die durch den Simplex-Trockner zu erzielende Leistung, doch
werden in beiden Fällen die alsdann erhaltenen Verbrauchsziffern ganz
wesentlich ungünstiger ausfallen, als auf den Anlagen C bis F er-
rechnet.

6*

Anlage L.
Rohgewichte und Feuchtigkeitsentziehung einiger Rohstoffe.

Gerste, geschüttelt, wiegt ca. 690 kg pro cbm
Roggen,   „   „   „   680—790 kg pro cbm
Weizen,   „   „   „   700—800 „   „   „
Mais,   „   „   lufttrocken 800 kg, angefeuchtet
    7½% mehr.
Gras und Klee wiegt 350 kg pro cbm
Geschnittener Rotkohl wiegt ca. 300 kg pro cbm
Kartoffeln wiegen geschüttet 650—700 kg pro cbm
Rüben   „   „   570—650 „   „   „
Äpfel   „   „   300 kg pro cbm
Stärke wiegt ca. 450 kg pro cbm
Sand, naß 2000 kg, trocken 1600 kg pro cbm
Stockfisch 16 kg pro qm Hordenfläche.
Milch 1030 kg pro cbm. Trockensubstanz: Vollmilch 12%,
    Magermilch 9%.
Eier im Mittel: 50 g, davon Schale 7 g; Eiweiß 27 g mit
    86% Wasser und Eigelb 16 g mit 51% Wasser.
Ziegel, Normalformat, naß: 28 · 13,5 · 7 cm, Gewicht 5,8 kg;
    trocken: 25 · 12 · 6,5 cm, Gewicht 5 kg.
Schießpulver, lose: 900 kg pro cbm.
Lithopone (Permanentweiß): 3600 kg pro cbm.
Leimgallerte: 1 Tafel 70 · 210 mm wiegt naß 181 g, trocken 54 g.
Küchenabfälle, vorgepreßt: 450 kg pro cbm, mit ca. 75% Wasser.
Lederabfälle: ca. 880 kg pro cbm, mit ca. 45% Wasser.
Miesmuscheln, aus 1000 kg mit Schale lassen sich erhalten
    im Mittel 266 kg ohne Schale mit rund 200 kg Wasser.
    Gewicht der nassen entschalten Muscheln, geschichtet,
    rund 600 kg pro cbm.
Asphaltmehl: ca. 1200 kg pro cbm. Feuchtigkeit vor der Trock-
    nung: 10%, nach derselben: 2%; Wasserentziehung:
    8,25%, bei 30—35⁰ i. Max.
Knochen: 1400 kg pro cbm.
Kartoffelkraut, gewelkt, ist durch die Trocknung ca. 73%
    Wasser zu entziehen.
Zuckerbrote enthalten 2—3% durch Trocknung zu entfer-
    nendes Wasser.

VERLAG R. OLDENBOURG, MÜNCHEN-BERLIN

Das Trocknen und die Trockner

Anleitungen zu Entwurf, Beschaffung und Betrieb

von Trocknereien für alle Zweige der mechanischen und chemischen Industrie, für gewerbliche u. für landwirtschaftliche Unternehmungen

von Ingenieur OTTO MARR

(Oldenbourgs Technische Handbibliothek Band XIV)

Zweite Auflage

X u. 546 Seit. 8⁰. Mit 262 Textabbildungen. In Leinwand geb. Preis M. 15.—

Das Marrsche Werk, das über ein Jahr am Büchermarkte fehlte, ist die einzige Monographie über das weitverzweigte Gebiet der Trockenkunde, die außer den theoretischen Grundlagen für die Berechnung von Trockenvorrichtungen auch deren konstruktive Ausbildung und die Anwendung der Theorie auf die verschiedenen Arten des Trocknereibetriebes behandelt. Die 2. Auflage liegt in **völliger Neubearbeitung** und in wesentlich erweiterter Form vor. Die mannigfachen Verbesserungen in der Trockenindustrie, die Ergebnisse vieler neuerer Forschungen und Versuche sind weitestgehend berücksichtigt. Auch hat der Verfasser die ihm seit dem ersten Erscheinen seines Buches zugegangenen vielfachen Anregungen verwertet. Es ist so mit der neuen Auflage ein fast neues Werk entstanden, das allen denen, welche eine größere Trockeneinrichtung besitzen oder einer solchen bedürfen, weiterhin den zu den Fachleuten zu rechnenden Heizungs- und Lüftungstechnikern und vor allem den Maschinenkonstrukteuren, die sich mit dem Entwerfen von Trockenapparaten befassen, Nutzen bringen wird.

Inhaltsverzeichnis (stark gekürzt)

VERLAG R. OLDENBOURG, MÜNCHEN-BERLIN

Die Fachpresse urteilte über „Marr, das Trocknen", wie folgt:

Die erhöhte Bedeutung, welche die Trockenindustrie im letzten Jahrzehnt und insbesondere während des Krieges erlangte, hat sich sichtlich in der vervollkommneten Technik der Trocknerei ausgeprägt, und so war die Herausgabe der 2. Auflage des Werkes durchaus gerechtfertigt und notwendig. Das Buch behandelt nicht nur die Abfallverwertung und das Trocknen landwirtschaftlicher Produkte (Getreide, Futtermittel usw.), die uns zurzeit besonders interessieren, da dieser heute besondere gewerbliche Zweig — aus der Notwendigkeit entstanden — geradezu volkswirtschaftliche Bedeutung erlangt hat, sondern auch das Trocknen von Dungstoffen, Mineralien, Produkten der chemischen Industrie usw. Ein wichtiger und umfassender Abschnitt ist den verschiedenen Trockenverfahren gewidmet, auf welchem Gebiet der Herausgeber zu den bekanntesten Fachleuten zählt, und auch die Theorie des Trocknens ist eingehend behandelt. Wir möchten das wertvolle Werk namentlich den Hunderten von Trocknereien und Kraftfutterwerken, die seit Kriegsbeginn wie Pilze aus dem Boden schossen, zur Anschaffung empfehlen.

(„Der Mühlen- und Speicherbau.")

In neuem Gewande, mit vollständig umgearbeitetem und reich vermehrtem Inhalt liegt die 2. Auflage des Marrschen Werkes (XIV. Band der Oldenbourgschen Technischen Handbibliothek) jetzt vor und zeigt wieder, wie vielseitig die Fragen sind, welche bei Herstellung von Trockeneinrichtungen, die ihren Zweck einwandfrei erfüllen sollen, zu erledigen sind. Im ersten, dem theoretischen Teil, haben fast alle Kapitel eine Umarbeitung oder Ergänzung nach den letzten Errungenschaften von Forschung und Erfindung erfahren; minder Wichtiges ist fortgelassen, um Raum für Wertvolleres zu schaffen. Die Grundzüge der verschiedenen Trockensysteme sind unter Zuhilfenahme von Beispielen aus der Praxis umfangreicher und eingehender als bisher, sowie möglichst gemeinverständlich behandelt worden, so daß sich jeder selbst ein Urteil bilden kann über die Vorgänge, welche sich in dem von ihm benutzten Trockner abspielen oder abspielen sollten. — Zu dem Zwecke sind gleich anfangs mehrere Tabellen hinzugefügt; die für fast alle Betrachtungen grundlegende Tabelle IX ist berichtigt sowie erweitert und überall gezeigt, wie sie sich nicht nur zur Beurteilung aller an die Mitwirkung von Luft gebundenen Trocknungsarten, sondern auch zur Lösung selbst der schwierigsten in der Trockenindustrie vorkommenden Aufgaben verwerten läßt. Nach ihr, ganz neu bearbeitet, finden wir die Kapitel über das Trocknen mit erwärmter Luft durch Verbrennungsgase, über Mitverwertung des aus der Ware entwickelten Dampfes, über die Wrasenabführung bei Walzen- und Muldentrocknern u. a. m. Als sonstige angenehme Zugaben sind zu betrachten die Zusammenstellungen über Leistungen und Kraftverbrauch verschiedener Gebläsearten, über die Wärmeabgabe von Lufterhitzern und den durch ihren Einbau in die Rohrleitungen erzeugten Widerstand, sowie die Kapitel über Hilfsapparate und über den Wert von Kondensation und Zwischendampfentnahme. — Im zweiten, sich auf die Ausführung von Trockeneinrichtungen beziehenden Teile des Werkes sind selbstverständlich die großen Umwälzungen in der Kartoffeltrocknerei eingehend gewürdigt, daneben aber auch die wirklichen oder vermeintlichen Vorteile von Trocknern für andere Zwecke besprochen. Besonders hingewiesen sei noch auf die Auslassungen des Verfassers über die Trocknung von Getreide, Leder, Klebstoffen und Extrakten usw. sowie über die schwierigen Aufgaben des Trocknens von Torf, Kopra, Kasein u. a. m. — Überall sind beherzigenswerte, zum Nachdenken anregende Winke eingestreut, so daß das Buch jedem, der auch nur entfernt mit der Trocknung irgendeines Produktes in Berührung kommt, aufs wärmste empfohlen werden kann.

(„Die Futter- und Düngemittel-Industrie.")

Wie schon bei der Besprechung der ersten Auflage erwähnt, ist das Buch von Otto Marr das einzige in deutscher Sprache erschienene, das außer den Grundlagen für die Berechnung von Trockenvorrichtungen auch deren Konstruktion, Ausbildung und ihren Betrieb in den verschiedenen Gebieten der Industrie und Landwirtschaft behandelt. Die Wichtigkeit und der Umfang dieses Zweiges der Technik ist so recht aus denjenigen Kapiteln des Buches zu erkennen, in welchen die Trockner nach ihren Anwendungsgebieten übersichtlich geordnet beschrieben sind. Für die Berechnung jedes zu entwerfenden Trockners ist der Abschnitt „Wasser- und Wärmegehalt der feuchten Luft" äußerst wertvoll. Die hierin gegebenen Zahlentabellen erleichtert in hohem Maße die Berechnung und schaffen dem Konstrukteur einen vortrefflichen Ueberblick über die physikalischen Vorgänge im Betrieb des Trockners, welche bei der Bestimmung der Querschnitte aller Luftwege und bei der Bemessung der Antriebskräfte berücksichtigt werden müssen.

(„Gesundheits-Ingenieur.")

VERLAG R. OLDENBOURG, MÜNCHEN-BERLIN

Oldenbourgs Technische Handbibliothek

Band I: **Neuere Kühlmaschinen, ihre Konstruktion, Wirkungsweise** und industrielle Verwendung. Ein Leitfaden für Ingenieure, Techniker und Kühlanlagen-Besitzer von Dr. **Hans Lorenz**, Professor an der Techn. Hochschule zu Danzig, und Dr.-Ing. **C. Heinel**, Professor an der Techn. Hochschule zu Breslau. Fünfte, ergänzte Auflage. XII u. 426 Seiten. 8°. Mit 316 Abb. und Tafeln. In Leinw. geb. M. **13.50**
Das bekannte Buch . . . ist noch immer das beste Werk auf dem Gebiete der Kälteindustrie, welches in knapper Form eine gute Übersicht über dieses Sondergebiet gibt. (Zeitschrift des Vereins deutscher Ingenieure.)

Band II: **Dr. A. Schifferers praktische Mälzerei- und Brauerei-Betriebs**kontrolle. **Mälzerei- und Brautechnischer Teil.** Zweite vermehrte und verbesserte Auflage. Bearbeitet von **Alfons Forster**, Direktor der H. Henninger-Reifbräu-A.-G., Erlangen. XIII u. 405 Seiten. 8°. Mit 109 Abb. u. 1 Tafel. In Leinw. geb. M. **12.—**

Band III: **Einrichtung und Betrieb eines Gaswerkes.** Ein Leitfaden für Betriebsleiter und Konstrukteure, bearbeitet von **A. Schäfer**, Direktor des städt. Gas- und Wasserwerks zu Ingolstadt. Unter Mitwirkung von Dr.-Ing. **R. Witzeck**, Chemiker. Dritte, vermehrte und verbesserte Auflage. XV u. 923 Seiten. 8°. Mit 413 Abb. u. 8 Tafeln. In Leinw. geb. M. **18.—**

Band IV: **Der Eisenbau.** Ein Hilfsbuch für den Brückenbauer und den Eisenkonstrukteur. Von **Luigi Vianello**. In zweiter Auflage umgearbeitet und erweitert von Dipl.-Ing. **Carl Stumpf**, Konstruktions-Ingenieur an der Kgl. Technischen Hochschule zu Berlin. XVIII u. 687 Seiten. 8°. Mit 526 Abb. In Leinw. geb. M. **20.—**

Band V: **Die Warmwasserbereitungs- und Versorgungsanlagen.** Ein Hand- und Lehrbuch für Ingenieure, Architekten und Studierende. Von **Wilhelm Heepke**, Ingenieur. XIV u. 391 Seiten. 8°. Mit 255 Abb. In Leinw. geb. M. **9.—**
. . . Der mitten in der Praxis stehende Verfasser hat, unterstützt von andern Spezialisten, in dem Werk seine langjährigen Erfahrungen niedergelegt und sich durch Herausgabe derselben um einen Zweig der Gesundheitstechnik ein großes Verdienst erworben, das nach aller Voraussicht durch weite Verbreitung des Buches reichlich belohnt werden wird. (Zeitschrift für Architektur- und Ingenieurwesen.)

Band VI: **Der praktische Bauführer für Umbauten, dessen Tätigkeit** vor und während der Bauausführung, sowohl in konstruktiver wie in geschäftlicher Beziehung. Von **F. Hintsche**, Architekt und Baumeister. XVI u. 287 Seiten. 8°. Mit 63 Abb. und 24 mehrfarbigen lithograph. Tafeln. Text- und Tafelband, in 2 Leinwbde. geb. zusammen M. **12.—**

Band VII: **Über Wasserkraft- und Wasserversorgungsanlagen.** Praktische Anleitung zu ihrer Projektierung, Berechnung und Ausführung. Von **Ferd. Schlotthauer**, Ingenieur. Zweite Aufl. XV u. 235 Seiten. 8°. Mit 20 Abb. In Leinw. geb. M. **7.—.**

Band VIII: **Bau und Betrieb von Kältemaschinenanlagen, Zahlen**stoff und Winke für Ingenieure, Baubehörden, Kältemaschinenbesitzer etc. Von Dr.-Ing. **C. Heinel**, Professor an der Techn. Hochschule, Breslau. XVI u. 251 Seiten. 8°. Mit 108 Abb. u. 19 Tafeln. In Leinw. geb. M. **12.—**

Band IX: **Handbuch der praktischen Elektrometallurgie.** (Die Gewinnung der Metalle mit Hilfe des elektrischen Stroms.) Von Prof. Dr. **A. Neuburger**, Herausgeber der Elektrotechnischen Zeitschrift. XX u. 466 Seiten. 8°. Mit 119 Abb. In Leinw. geb. M. **14.—**

Band X: **Anleitung zur biologischen Untersuchung und Begutachtung** von Bierwürze, Bierhefe, Bier und Brauwasser, zur Betriebskontrolle sowie zur Hefenreinzucht. Für Brauerei-Betriebschemiker, Betriebskontrolleure, Brauer und Nahrungsmittelchemiker. Von Professor Dr. **H. Will**, Vorsteher des physiologischen Laboratoriums der Wissenschaftlichen Station für Brauerei in München. XVIII u. 482 Seiten. 8°. Mit 84 Abb. u. 3 Tafeln. In Leinw. geb. M. **12.—**